JN011719

この世で一番わかりやすい

宇宙
Q&A

人類が知りたくて
知りたくてたまらない
疑問ベスト20

ジョージ・チャム
＋
ダニエル・
ホワイトソン

水谷淳 [訳]

ダイヤモンド社

オリヴァーへ
——J.C.

いつも質問攻めにしてきて、
やる気にしてくれたり
邪魔してくれたりした
サイラスとヘーゼルへ
——D.W.

——

よくあるはしがき

みんないろんな疑問を持っている。

人ってそういうもんだよね。同じ人間なのに意見が合わないことなんていくらでもある。政治、ひいきのスポーツチーム、真夜中にタコスを買うにはどこがいいか。でも一つだけ共通点がある。「知りたい」っていう気持ちだ。誰でも知りたいって思っていることはあるし、突き詰めるとみんな同じような疑問を持っている。

どうして過去にタイムトラベルできないの？ どこかにもう一人の自分がいるの？ 宇宙はどこから生まれたの？ 人類はいつまで生き延びられるの？ 真夜中にタコスを食べる人なんているの？

うれしいことにどれにも答えがある。

ここ数百年で科学はものすごく進歩して、宇宙にまつわるすごく根本的な疑問についてもいろんなことがわかってきた。もちろんとてつもない謎はたくさん残っているけれど（僕たち2人の前著『僕たちは、宇宙のことぜんぜんわからない』を見て）、人類として"宇宙を理解する学"は正しい方向に進んでいると思う。そこでそろそろ、みんながしょっちゅう聞いてくるいくつかの疑問に対する答えを、マンガをたくさん使った読みやすいリストにまとめたら

いいと思ったんだ。

この本では、人間や地球、そして現実世界そのものについてみんなが聞いてくる、すごく奥深くて僕たちの存在自体に関わるいくつかの疑問の答えを探っていこう。

不思議に思ったことはないかい？　どうして宇宙人はまだ地球にやって来ていないの（きっと来ていないよね）？　君は本当に実在するの？　それとも、どこかのエイリアンがやっているゲームに組み込まれたシミュレーションなの？　あの世があるのかどうか考えていたら、夜も眠れないんじゃない？　どの疑問の答えも君の手の中にあるんだ。

各章でよくある疑問を一つずつ取り上げて、宇宙にまつわるびっくり仰天の真実を暴き出していきたい。次の飲み会で話のネタになるし、トイレでささっと読んでもおもしろいはずだ（どの章もかなり短くしたから）。

お前らに答える資格なんてあるのかって？　最強の資格があるから安心してほしい。僕たち2人はポッドキャストをやっているんだ。

週2回配信している "Daniel and Jorge Explain the Universe"（『ダニエルとジョージが宇宙を説明します』）っていうありきたりなタイトルのポッドキャストでは、マイクロ波、銀河間空間で起こる現象、そして仮想的な素粒子まで、いろんな話題を取り上げている。

どうしてもこの本を書きたくなったのは、リスナーから寄せられるいろんな疑問に答えてきたからだ。ポッドキャストをやっていてそれが一番気分が上がる。メールボックスを開いて、興味

津々のリスナーから寄せられた考えさせられる疑問を読んでいる
と、その日一日が楽しくなるんだ。

　本当にいろんな疑問が来る。質問者の年齢（9歳から99歳）も、
職業も、住んでいる場所もさまざま。なんとイギリス・デヴォン
州に住む9歳の子供が、観測可能な宇宙についてのすごい質問
をしてくるんだ。

　わからないことを知りたいっていうのは人間の本能らしい。宇
宙の正体や僕たちの居場所についてあれこれ考えるのが人生の楽
しみだっていう人も多いんじゃないの？　もちろんすぐには答え
がわからなかったり、逆に疑問が増えてしまったりすることもあ
る（この本で取り上げた疑問の中にもそういうものがある）。そうだとい
らいらするかもしれないけれど、疑問を持つだけでも力が湧いて
くるもんだ。

　そもそも疑問を持つのは、きっと答えが見つかるっていう希望
があるからだ。宇宙とその不思議な謎の数々がいつか解き明かさ
れるって信じる。なんて希望に満ちているんだ。

　そこで、僕たち2人と一緒にみんなの好奇心にどっぷり浸か
って、誰もがしょっちゅう抱く疑問に飛び込んでいこう。答えの
中にはびっくりするものもあるだろうし、君の宇宙観をひっくり
返してしまうようなものもあるかもしれない。人類の英知でも歯
が立たなくて、どうしても答えが出せないような疑問もあるだろ
う。

　でも忘れないでほしい。一番楽しいのは疑問を持つことなんだ。

　楽しくいこうじゃないか！

ジョージ　　　　　　ダニエル

注意：トイレの水、流した？

目次

1
どうして過去に
タイムトラベルできないの？

過去にタイムトラベルできないなんて誰が言ったんだい？
たいていの人は過去に旅できたらいいなって思っている。
過去に戻って歴史上の有名な人物と話をしたり、歴史的な出来事
をじかに観たりしたくないなんていう人がいるかい？　ケネディ
を暗殺した真犯人や、恐竜が絶滅した原因がわかるんだから。

　もっと身近な話で言うと、時間をさかのぼって過去に犯した間
違いを直したりできたらすごいよね？　ズボンにコーヒーをこぼ
したら、時間をさかのぼってこぼさなければいい。上司に口答え
したのを後悔したら、時間をさかのぼって口答えしなければいい。
パイナップルをトッピングしたピザを注文しておいしくなかった
ら、時間をさかのぼって定番のピザを頼めばいい。宇宙のアンド
ゥボタン（Ctrl+Z や、Mac だったら Command+Z）みたいなもんだ。

　でもいまのところそんな装置はできていない。過去は変えられ

ない。時間は大敵で、僕たちは過去の間違いを永遠に後悔しながら生きる定めにある。この宇宙ではやり直しなんてきかないんだ。

　でもどうしてだろう？　未来は変えられそうなのに、どうして過去は変えられないんだろう？　タイムトラベルを不可能にするような奥深い物理法則があるんだろうか？　それとも技術的に難しいっていうだけなんだろうか？　そもそも未来と過去はどこが違うんだろう？

　驚くかもしれないけれど、実は物理学者は、タイムトラベルは絶対不可能だなんて言っていない。過去に旅するのは厳密には可能なんだ。映画のようにはいかないけれど、巻き戻しボタンを作るのは不可能じゃないかもしれない。この章の最後で、物理学者が認めた[1]斬新なタイムトラベルの方法を教えてあげよう。

　じゃあゴーグルをはめて、ホバーボードとデロリアンを準備して。いまから時間を超えた疑問に答えていくから。どうして過去にタイムトラベルできないの？　……いまのところは？

有名なタイムマシン

#懐かし
写真

H・G・ウェルズ　　デロリアン　　タイム
ターナー

ハッシュ
タグ

1　少なくとも1人の物理学者は認めている。

現実的なこと、可能なこと、不可能なこと

　はじめに、「可能である」ってどういう意味なのかはっきりさせておこう。それは聞く相手によって違ってくる。

　"技術者"がタイムトラベルは可能かどうかって聞かれた場合、1兆ドル以内の費用で10年以内に作れると思ったらイエスと答えるだろう。

　でも"物理学者"は、同じ質問でも違うふうに受け止める。何か知られている物理法則で禁じられていなければ、それは可能だって答えるだろう。

　たとえば……

やること	技術者	物理学者
核兵器で七面鳥を焼く	難しいけどできるかも	もちろんできる
山くらいの大きさのケーキを焼く	無理	完全に可能だ
太陽の表面から100km上空を飛行する	無理無理	できないなんて理由は一つもない
地球の中心部をくりぬいてゼロGのアミューズメントパークを作る	勘弁して	できるできる

　この本は物理と宇宙の本だから、物理学者の見方を取ることにしよう。つまりこの章で解き明かしたいのは、タイムトラベルを実現するのに147兆億ドルの費用と数百年の歳月がかかるかどうかじゃなくて、タイムトラベルが何か宇宙の法則に反しているかどうかだ。物理学者が可能だって言い切ったら、いずれは技術

者が実現する方法を考え出すだろう。そして任されたソフト開発者がそのためのアプリを作るんだ（「Siri、こぼしたコーヒーを元に戻して」）。

アレクサ、物理法則を破って

すみません、プライム会員のみの機能です

　物理学者的にタイムトラベルが可能かどうかを知るためには、まずは時間のことを物理学者と同じように考えてみないといけない。時間っていうのはすごく厄介なテーマで、長い時間、人々は頭をひねったり抱えたりしてきた。物理学者は要するに、時間のおかげで宇宙は変化するって考えている。時間は"流れるもの"、動いていくもので、"過去"を"現在"に変える。たくさんの静止画を正しく並べてスムーズな動画にするっていうことだ。

　宇宙は見たところスムーズに流れている。ある瞬間から次の瞬間にものすごく変化するようなことはない。ソファーでこの本を読んでいたのに、突然ビーチに座っていたなんてことは起こらない。現在起こる事柄が、過去によって制限を受けているからだ。

　一瞬前にコーヒーカップに口をつけていたら、現在起こりえるのは、コーヒーを味わっているか、それともズボンにコーヒーをこぼしているかだ。突然ブルードラゴンに転生して、発酵セロリジュースを飲んでいるなんてことはありえない。

　どんな未来がありえるかは、過去によって支配されている。そ

れを“因果関係”っていう。途方もなくていかれていて、コーヒーのしみまみれのこの宇宙がどういうふうに変化していくかを、物理学者はこの因果関係に基づいて論理的に解き明かそうとしている。

　その変化がスムーズに起こるためには、どうしても時間が必要だ。この宇宙では、瞬間的に起こることなんて一つもない。出来事は互いにつながり合っている。ピザを作りたかったらプロセスを踏まないといけない。指をパチンとはじいても、小麦粉とトマトとチーズが一瞬にしてピザになるなんてことはない。いくつもの段階をたどらないといけないんだ。材料を混ぜて生地をこね、トマトを煮て、合間にワインを飲み、オーブンに入れて……。[2]ある状態（材料）から別の状態（ピザ）に変えるためにはステップを踏まないといけない。それらのステップをつないでいるのが時間だ。時間がなかったらこの宇宙はわけがわからなくなってしまう。

　時間がどんなものなのかわかったところで、タイムトラベルの方法についていくつか考えてみよう。

バック・トゥ・ザ・フューチャーは無理

　タイムトラベルをしたい一番の理由は、過去に旅して何かを変え、未来に影響を与えたいからだ。コーヒーをこぼさないようにしたり、レンタルビデオ屋チェーン（最近は流行らなくなったよね）

2　この宇宙では、ワインを飲むことは必ずしも求められていない。

の株の代わりに Netflix の株を買ったりするっていうことだ。過去を変えて現在に戻ってくれば、自分がした小細工のおかげでハッピーだ。

　でも一つ大きな問題がある。単純な話、つじつまが合わなくってしまうんだ。

　時間を宇宙の変化のしかた（ピザの作り方）ととらえればすぐにわかるとおり、過去を変えるのはナンセンスだ。ある朝8時に起きてコーヒーを淹れたとしよう。でもそのコーヒーがまずかった。そこでタイムマシンに飛び乗って朝8時に戻り、コーヒーの代わりに紅茶を淹れることにした。

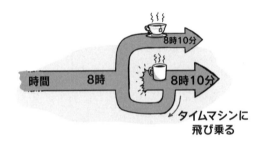

　映画の中だったらつじつまが合うけれど、物理学の見方ではナンセンスだ。

　物理学の見方によると、過去の状態とつながっていないような現在の宇宙の状態（まずいコーヒーを淹れた状態）なんて存在しない。代わりに紅茶を淹れたとしたら、どうやってあのまずいコーヒーができたっていうの？　物理学者に言わせると、それは因果律を破っている。結果（まずいコーヒー）があるのに原因がないんだ（代わりに紅茶を淹れた）。つまり、材料を混ぜてもいないのにピザ

ができてしまったみたいなもんだ。

　だから、残念だけれど過去を変えるのは不可能だ。因果律が破れたら、この宇宙のつじつまがおかしくなってしまう。そんなこと物理学者は絶対に受け入れられないんだ。

　でも君はこう思ったかもしれない。「じゃあスプリットタイムラインは？　歴史改変は？　『アベンジャーズ』の映画で見たよ！」

　ドク・ブラウンやアイアンマンには悪いけれど、それもつじつまが合わない。タイムラインを変えたり新しいタイムラインを作ったりといっても、そもそも変えるっていうこと自体が時間に基づいている。タイムラインそのものが変化を表しているんだから、タイムライン自体を変化させることはできないんだ。科学者は多宇宙っていう概念について真剣に考えているけれど、別の宇宙に移動したり別の宇宙を選んだりできるなんて考えてはいない。

　このように物理学ではいろんな理由から、別の瞬間に突然飛び移って何かを変えることなんてできないとされている。株価を操作して物理で大儲けするっていう夢は消えてしまった。[3]

物理学者がいるところ、道は開ける

　因果律が厳密に守られている以上、タイムトラベルは絶対に不可能なんだろうか？　実はそんなことないんだ！　不可能なのは

3　そもそも物理で大儲けするなんて夢のまた夢だ。

過去を変えることだけ。過去に旅しても何も変えなければ？　それならばだいじょうぶかもしれない。恐竜を見に行ったり、または先回りして未来がどんなふうか見てきたりしたいとしよう。それは可能なんだろうか？　現在の物理学によると、それは完全に可能なんだ（でも技術者には聞かないで）。

どうすればそんなことができるの？　それを理解するためには、空間をただの空間じゃないものとして考えるのに慣れないといけない。物理学者は空間と時間をひとまとめにして、"時空"っていうもので考えたがる（あんまりひねりのない名前だけれど）。

地上近くの空間を動き回るのは単純で、僕たちも慣れている。ボールを投げ上げれば落ちてくる。横歩きすれば横に移動する。地球上では時間も単純だ。時計の針は進んでいくし、世界中の時計が同じ時を刻む。

でも物理学によると、この宇宙には空間がすごく奇妙になっている場所があるという。そんな場所では、空間と時間を組み合わせて考えるといい。物理学者に言わせると、僕たちは時間をかけて空間の中を移動しているんじゃない。時空っていう一つのものの中を移動しているんだ。

時空っていうのは奇妙なやつで、僕たちにはなかなか想像できないようなことができる。たとえばゆがんだり折りたたまれたり、ぐるっとループになったりもできるんだ。

そんな時空の奇妙さを利用してタイムトラベルをする方法を2つ探っていこう。

果てしなく長くて回転している塵の柱

　アインシュタインによると、何か重いもののまわりでは時空がゆがんでいるという。それがアインシュタインの考えた重力の正体だ。重力は力じゃなくて、空間と時間のゆがみなんだ。たとえば月が地球のまわりを回っているのは、地球の重力が月を引っ張っているからじゃない。レーシングカーが円形コースを周回するのと同じように、地球の質量によってできた時空のくぼみの中を月が滑走しているだけなんだ。

　でも質量は空間をゆがめるだけじゃなくて、時間を引き延ばしたり縮めたりもする。そして奇妙な形で質量が集まっていると、時間に超奇妙なことが起こる。たとえば果てしなく長くて回転している塵の柱を作れば、すごいことができるかもしれない。その柱の近くでは時間と空間がうまい具合にゆがんで、時間をループすることができるんだ。つまりその柱のまわりを一周すると、スタートの地点、そしてスタートの時間に戻ってきてしまうんだ。

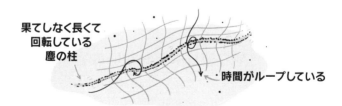

**果てしなく長くて
回転している
塵の柱**

時間がループしている

ワームホール

　最近の考え方では、時空はほかにもいろいろ変なふうにゆがんだりねじれたりできる。折りたたまれて、時空内の2つの地点

をつなぐトンネル、つまり近道ができることもあるんだ。その近道のことを"ワームホール"っていう。時空がゆがんで形が変わり、2つの地点がつながってしまったようなもんだ。

たいていの人のイメージだと、ワームホールは空間内の2つの地点を結んでいる（遠くの銀河に旅するのに使えるかもしれない）。でも理屈上、ワームホールは時間内の2つの地点を結ぶこともできる。時間と空間は"時空"っていう一つのものだったよね。ワームホールを通れば、町の反対側にあるお気に入りのタピオカ屋に行けるだけじゃなくて、タピオカが流行る前にそこに行くこともできるんだ。

ワームホールを通って未来に行く

やり直しはきかないの？

いま言った2つの方法がすごいのは、物理法則を破らなくてもタイムトラベルができることだ。過去を変えようとしない限り、このゆがんだ時空の中を動き回って過去（または未来）に行くことができるんだ。

ただし、自分がそれまでいたのと同じ時空にしか行けない（近

道を通ったりループを回ったりするしかできない）から、過去を変えたいと思っても変えることはできない。過去に戻って朝8時の自分に「コーヒーはやめとけ」って言ったとしたら、君はコーヒーを淹れた自分と淹れなかった自分が同じタイムラインに乗っていたのを覚えていたことになってしまう。でも君はまずいコーヒーを淹れたんだし、未来の自分が現れて文句を言われたのも覚えていないんだから、そもそも未来の君が時間をさかのぼったはずはないんだ。

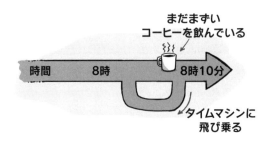

じゃあタイムトラベルなんて実際にできるの？　実は物理学者にもわからないんだ。「不可能かどうかわかっていないけれど、[4]わかっている限りぜんぜん現実的じゃない」っていうたぐいの問題なんだ。果てしなく長い塵の柱なんてまだ誰も作ったことがない。ワームホールの見つけ方もよくわかっていないし、ましてやワームホールを広げてコントロールする方法なんてぜんぜんわかっていない。でもわくわくすることに、「不可能かどうかわかっ

4　ただし物理学者の中には、アインシュタインの理論は少しだけ間違っていて、タイムループはやっぱり実現不可能じゃないかって考えている人もいる。

ていない」っていうことは、裏を返せば可能かもしれないっていうことだ。こぼしたコーヒーを元に戻すことはできないかもしれないけれど、恐竜に会いに行ったり未来の様子を見てきたりするのはできるかもしれない。

時の流れに身を任せ

　少しがっかりしたかい？　タイムトラベルは確かに可能かもしれないけれど、きっと君が望んでいたような旅とは違う。生きた恐竜を見るのは確かにすごいかもしれないけれど、コーヒーまみれのズボンのままで見ないといけなかったらどこまで楽しめるだろう？

　そこで最後に、また違うタイプのタイムトラベルをするために僕たち2人が考えた斬新なアイデアを紹介しようじゃないか。因果律を破らずに実際にアンドゥボタンを押せるかもしれない方法だ。確かにこの本のためだけに考え出したアイデアだし、合計でも数時間しか頭をひねっていない。でも、物理のすごいアイデアにはどれもきっかけがあったはずだし、しかも僕たち2人のうちの少なくとも一方は経験を積んだ物理学者だ。

　用意はいいかい？　こんなアイデアだ。時間の流れを逆転させられたらどうだろう？

　物理学には、時間の流れに従ってこの宇宙がどういうふうに変化するかを決める法則がたくさんある。でもそれらの法則はどれも、時間が流れることを前提にしている。時間がどんなふうに流

れるかを教えてくれる法則は一つもない。たとえば、時間がなぜ一方向（前向き）にしか流れないのかはわかっていない。それどころか、時間が前向きに流れるしかないのかどうかもわかっていない。ほとんどの物理法則は、時間がどっちの方向に流れても完璧に成り立つんだ。

　ただしすべての物理法則がそうだっていうわけじゃない。時間が前向きと後ろ向きのどっちに流れるかによって、どうやら違うふうに働く物理法則が1つか2つあるんだ。たとえば熱力学の第2法則によると、時間が経つにつれてものはバラバラになって、熱は拡散するという。だから、ガラスのコップが壊れるほうが、壊れたコップが元通りになるのよりも起こりやすい。

　でも実はこの法則も、時間が前向きに流れることを要求しているわけじゃない。もしも時間が後ろ向きに流れたら、バラバラだったものが元通りに戻っていくんだ。そんなの見たらぞっとするだろうし、時間が後ろ向きに流れているのなんて一度も見たことはないけれど、物理学ではありえなくはないんだ。

　するとこんなアイデアが浮かんでくる。時間の流れ方を好きなように逆転させられるマシンを作ったらどうだろう？　たとえばそのマシンの内部で時間の流れを逆転させたとしよう。マシン自

体がどこかに行くわけじゃない。外に座っている人から見れば、ずっとそこに置いてあるだけだ。でもマシンの内部では違う法則が成り立って、時間が後ろ向きに流れる。そして中の素粒子は、時間が前向きに流れる宇宙とは逆の振る舞いをする。

　もしもそんなふうに時間の流れをコントロールできたら、起こってしまったことをなかったことにできる。

　たとえば君のオフィスを丸ごとこのマシンの中に入れて、通常の時間の流れ方にセットしておく。しばらくしてコーヒーをこぼしてしまったら、マシンに指示してちょっとのあいだ時間の流れを逆転させる。外の宇宙全体ではふつうに時間が流れつづけるけれど、マシンの内部ではこぼしたコーヒーが元に戻る。そこでマシンのスイッチを切り替えて通常の時間の流れに戻すと、君のズボンはきれいになっている。もちろん君の頭の中も元に戻ってしまうから、マシンの外に用意したノートに「コーヒーをこぼすな」って書いておいたほうがいいかも。

　過去にタイムトラベルするのと、ある場所の時間の流れを逆転させるのとで何が違うんだろう？　わかりづらいかもしれないけれど、物理学では大きな違いだ。いま言ったアイデアは、君やマシンが別の時間にタイムトラベルする（因果律を破る）んじゃなくて、ある閉じられた空間の中での時間の流れを逆転させるっていうだけだ。時間の流れを大河にたとえれば、ところどころに小さな渦ができてちょっとのあいだ逆向きに流れるのに似ている。

　まだちょっと物足りないなぁって思った人は、この想像上のテクノロジーを一段階進化させてみよう。さっきと逆の働きをするパワフルなマシンを作ったらどうだろう？

　マシンの内部を除く宇宙全体の時間の流れを逆転させられたら？　マシンの中に入ってボタンを押せば、宇宙全体で時間が後ろ向きに流れていくのが見える。そしてマシンから出ると、そこは少しだけ若返った宇宙だ（君だけは年を取ってしまうけれど）。その若返った宇宙で君は何をする？　Netflix の株を買う？　ケネディと仲良くなる？　コーヒーをやめる？[5]

タイムトラベルで自撮り

　ぶっ飛んだアイデアだって？　確かに。時間の流れを逆転させてエントロピーを減らす方法がわかってるのかって？　いいや。うまくいくのかだって？　わからないよ。不可能じゃないのかだって？　現在の物理学ではそんなことはないんだ！

　だから技術者のみんな、君たちの手にかかっているのさ。

5　もっと前にやめてくれていたらこんなに苦労しなかったのに。

2

どうして宇宙人はまだ地球に
やって来ていないの？
それとももう来ているの？

宇宙人が地球にやって来たら君は大はしゃぎする？　それとも震え上がる？

この世の終わりだ！

ヒャッホー！

僕たち2人で反応は違うはず

　もしも宇宙人がやって来たら、すごいことがたくさん起こる。考えてみて。広大な宇宙空間を旅してきて僕たちを見つけられるくらいなんだから、僕たちよりもずっと進化しているはずだ。どんなことを聞いてみようか？　この宇宙の成り立ちは？　宇宙はどうやって始まったの？　どうやって宇宙旅行の方法を考え出したの？　どうしてピザにパイナップルなんかトッピングする人がいるの？　宇宙人が現れてズバッと答えを教えてくれたらすごい

じゃないか。何百年も何千年も苦労して物理の研究を続けなくて[6]も、いますぐに答えがわかるんだから。

でもちょっと待った。地球にやって来た宇宙人が僕たちの思っているようないいやつじゃなかったら？　進化した宇宙人がやって来るのは恐ろしいことかもしれない。人類の歴史を振り返ってみてほしい。進歩した文明が別の文明と出合うとたいていどんなことが起こる？　知識や知的財産を分け合って平和共存するかい？　そんなことない。"探検"された文明にとってはあんまりいいことがないんだ。

どっちにしても歴史的大事件のはずだ。そこでこんな疑問が浮かんでくる。どうしてまだ宇宙人は地球にやって来ていないんだ

6　そうさ、座ってコーヒーを飲んでいるのは大変なことなんだ。

ろう？　宇宙のどこかに生命が存在する可能性はかなり高いはずだ。僕たちの住む天の川銀河だけでも信じられない数（だいたい2500億個）の恒星があるし、それ以外にも銀河は、無限個じゃないにしても何兆個もある。そして恒星の5個に1個は地球に似た惑星を持っているから、生命が生まれる可能性のある惑星は数百京個はある計算になる（無限個じゃないけれどね）。宇宙の中で生命が、さらには知的生命が生まれたのが唯一地球だけだなんて、すごく低い確率だろう。

　じゃあどうして宇宙人は地球にやって来ていないんだろう？　僕たちを避けているんだろうか？　それとも宇宙が広大すぎて、お隣さんでもやって来られないんだろうか？　だいたいどうやって僕たちを見つけるんだろう？

　それを解き明かすために、考えられる4つのシナリオを見ていこう。

シナリオその1：もう僕たちの声を聞いて、
僕たちを探しにやって来ている

　一つありえるのが、宇宙人は僕たちの声を聞いて、いまこっちに向かってきているっていうシナリオだ。すごく耳のいい宇宙人で、僕たちがうっかり宇宙空間にまき散らしているラジオやテレビの電波を捕まえているのかもしれない。そして僕たちのだじゃれや文化にはまって、すぐさま宇宙船を発進させ、しゃべっている僕たちのほうにまっすぐ向かってきているのかもしれない。

　物理的に言ってこのシナリオはどうなんだろう？　宇宙人が僕たちの電波を捕まえていることなんてありえるの？　そして地球までたどり着けるだけの時間なんてあるの？

　一つ問題なのは、僕たちが電波信号を出してきた期間がそんなには長くないことだ。人類がラジオやテレビなどの電波をまき散らしはじめたのは、いまからだいたい100年前。渋滞でなかなか家にたどり着けない君にとっては、光の速さなんてものすごく速いだろうけれど、宇宙空間はとにかく広い。だから光の速さで伝わるメッセージでも、宇宙人の棲む惑星に届くまでには長い時間がかかる。

　しかもたとえ僕たちのメッセージを聞いても、地球にやって来るのにはまた長い時間がかかる。

　彼らの宇宙旅行を物理学で考えてみよう。はじめに、彼らの宇宙船は光の速さの何分の一かで飛行できるとする（たとえば光の速さの半分、秒速約15万kmとしよう）。そんな猛スピードまで加速するにはすごく時間がかかるって思うかもしれないけれど、驚くことに加速しないといけないのは旅のごく最初のうちだけだ。彼ら宇宙人の身体も僕たちと同じようにぐにゃぐにゃで、地球の重力

の数倍以上の加速度を受けたらプリンみたいに潰れてしまうかもしれないけれど、それでも旅の大部分はトップスピードで飛行できる。たとえば２Ｇ（地球の重力加速度の２倍）っていうたいしたことない加速度でも、１年もかからずに光の速さの半分まで加速できるんだ。

　じゃあちょっと計算してみよう。僕たちが電波をまき散らしはじめたのはたったの100年くらい前だから、いまにも地球にたどり着けそうな宇宙人が棲んでいるのは地球から約33光年以内に限られる。僕たちの電波が光の速さでそこまで届くまでに33年、彼らが宇宙船（光の速さの半分で飛行できるとした）で地球までやって来るのにだいたい66年かかる。このシナリオによると、地球から33光年以上離れた宇宙人が地球にやって来る可能性はゼロ。僕たちのメッセージを受け取って地球まで旅しにくるだけの時間がないからだ。

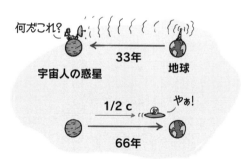

　じゃあ地球から33光年以内に宇宙人は棲んでいるんだろうか？

　地球に一番近い恒星系（プロキシマ・ケンタウリ）は４光年とち

ょっとしか離れていない。そしてそこにはたまたま地球サイズの惑星がある。もしもその惑星に宇宙人が棲んでいて僕たちの信号を受け取っていたら、宇宙船に飛び乗って僕たちのところにやって来る時間はたっぷりある。じゃあどうしてやって来ないんだろう？

　実はこういう説がある。2010年に放映されたテレビドラマ『LOST』の最終回が、2014年に彼らの惑星に届くまで待っていたっていうんだ。だとすると、彼らが最終回にケチをつけにやって来るのは2022年っていうことになる。

　もっと遠くに目を向けたら？　33光年の範囲内には300個ちょっとの恒星系があって、そのうちの約20%には地球に似た惑星（大きさがだいたい同じで中心の恒星からちょうどいい距離にある惑星）が存在していそうだ。だから、僕たちが最初に流したラジオの電波を聞いて地球に代表団を送り込める、地球に似た惑星は、約65個っていうことになる。

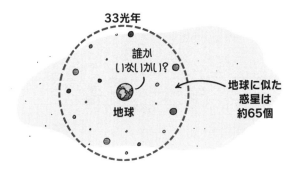

でも誰も来てくれない。どうしてだろう？

　もちろん、宇宙人が僕たちの信号を受け取ってもこっちにやって来ない理由はいくらでも考えられる。僕たちのおしゃべりが気に入らなかったのかもしれないし、興味がなかったのかもしれないし、相手にしなかったのかもしれない。でも、僕たちみたいにきっとひとりぼっちの知的文明が、お隣さんに会いに行くチャンスとか、少なくともじっくり聴いて返事を出すチャンスに飛びつかないなんてちょっと考えにくい。

　僕たちの電波信号を受け取って地球にやって来た知的な宇宙人がぜんぜんいないことを考えると、もっと当たり前の事実が当てはまるのかもしれない。地球からそんな近い距離には知的宇宙人文明は一つもないんだろう。高度な知的生命の数は、惑星65個中2個（僕たちともう1つ）よりも少ないのかもしれない。この説明が一番当たっていそうだ。地球の生命の歴史を振り返って、僕たちの文明がいつ消えてもおかしくなかったことを考えると、そもそも僕たちがここにこうして生きている確率も32.5分の1よりずっと小さいんじゃないの？

シナリオその2：たまたま僕たちを見つける

　このように、地球にまだ宇宙人が訪れていないのは、僕たちの声の届く距離に宇宙人が一人もいないからなのかもしれない。でも、宇宙人が僕たちを見つける理由や方法はそのほかにもあって、それについても考えてみないといけない。僕たちの電波信号は天の川銀河の中でもすごくちっぽけな球形の領域にしか届いていな

い。全方向にたった 100 光年ほどの範囲なのに対して、天の川
銀河のさしわたしは 10 万光年以上もある。天の川銀河の大部分
では、僕たちがここにいることすら見当もつかないはずだ。

　僕たちの電波信号のとうてい届かない場所に棲む宇宙人がこっ
ちにやって来ているとしたら、その理由は何だろう？

　天の川銀河は生まれてから何十億年も経っている。もしもどこ
かに超進化した宇宙人がいて、彼らが探検好きだったとしたら？
何万年も何億年も前から探検を続けていたら、たまたま僕たちを
見つける確率はどのくらいあるだろう？

　宇宙人がそんなに長いあいだ天の川銀河を探検する理由はちょ
っとわからない。おもしろいテレビ番組を探しているのかもしれ
ないし、おいしいスナックとか（僕たちのことじゃないといいな）、
原材料とか、新たな住処とかを探しているのかもしれない。10 億
年も続く宇宙人文明がどんな動機を持っているかなんて誰がわか
る？　でも理由は何であれ、そんな宇宙人が確かにいてあちこち
を探検しているとしてみよう。

　僕たちを見つけられるんだろうか？

　彼らの探検プランについていくつか仮定を立てよう。まず、彼
らは宇宙船で旅するとしよう。天の川銀河の全惑星を訪れるため

には、何隻で出発して何年かかるだろう？

　地球に似た惑星は約1250立方光年あたり1個あって、平均の距離はだいたい11光年だとわかっている。同じ恒星系にそういう惑星が2個存在することもあるし、50光年や100光年離れていることもあるかもしれない。でも長旅で意味があるのは平均で、その平均はだいたい11光年だ。

　さて、彼らの宇宙船が光の速さの半分で飛べたとすると、ある惑星から別の惑星に行くのに22年かかることになる。だからたった1隻の宇宙船で天の川銀河をくまなく探検するとしたら、地球に似た惑星を全部訪れるのに約1兆年もかかってしまう。おいしいスナックを探すためだとしたら、スナックが冷めてしまう前に家に帰るのは無理だ。

　でももっとたくさん宇宙船を打ち上げれば、簡単にペースアップできる。宇宙船がどれも違う方向に出発して途中でかち合わなければ、たくさん打ち上げれば打ち上げるほど惑星をたくさん探検できるんだ。

　天の川銀河の真ん中あたりから1000隻打ち上げれば、約10億年で地球に似た惑星を残らず訪れることができる。宇宙船を増やしていけば、探検にかかる時間はどんどん短くなっていく。100万隻打ち上げたら100万年。10億隻打ち上げたら約5万年だ。でも1隻の宇宙船が天の川銀河の端まで到達するのにも同じく約5万年かかるから、これ以上増やしてもしょうがない。

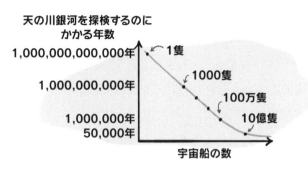

10億隻の宇宙船を打ち上げたときのグラフ

　5万年なんて長いなぁって思うかもしれないけれど、天の川銀河の年齢（135億年）や地球の年齢（45億年）に比べたらあっという間だ。

　だから、もしもどこかに宇宙人文明が存在していて、彼らが(a) せっせとほかの惑星を訪れ、(b) 宇宙船の大艦隊を建造できる資源を持っていたとしたら、彼らが地球にたどり着く確率はかなり高いはずだ。もしも究極のスナック探しにこだわっていたら、何度も地球を訪れていたかもしれない。天の川銀河全体に宇宙船を送り出したら、5万年もしないうちに全惑星を訪問できるんだ。

　しかもこれは、そんな高度な文明が１つしかなかったとした場合の話だ。探検している高度な文明がたくさんあったら？　だとしたら、どこかの宇宙人が僕たちを見つける確率はますます高くなる。

でも地球にはまだ宇宙人の探検船は一隻も来ていない。どうしてだろう？　僕たち人類は、いまから少なくとも数万年前以降に起こった出来事を明らかにできるくらいには賢い（有史時代が約5000年、洞窟の壁画でさらに4万4000年さかのぼれる）。もしも宇宙人の探検船が地球を訪れていたら、いまでもその噂は伝わっていたはずだ。

探検家の宇宙人が（僕たちの知る限り）まだ地球を訪れていないっていうことは、天の川銀河を探検する文明なんて一つもないのかもしれない。宇宙人がやって来ていない理由は、物理学や生物学よりも経済に関係あるのかもしれない。宇宙があまりにも広大で、星々があまりにも遠いから、ほかの惑星を訪れて探検するなんてあんまり意味がないのかもしれない。

シナリオその3：宇宙人は超賢い

どんな宇宙人文明にとっても、宇宙船10億隻の巨大艦隊を建造するなんてとんでもないことなのかもしれない。正直言って、新しいスナックを見つけるためだけに宇宙船を10億隻作って打

ち上げるなんて大変すぎる。宇宙人が僕たちを見つけるとしたら、ほかにどんな方法がありえるだろう？

　もう一つ考えられるシナリオがあるけれど、それには超絶な想像力が必要だ。宇宙人が超賢かったら？　ものすごく賢くて、天の川銀河をもっと効率的に探検する方法を考えついていたとしたら？

　よく聞いて。彼ら宇宙人が"自己複製"する探検船を作ったとしたら？

　宇宙に飛んでいって自分と同じ宇宙船をもっと作るような宇宙船を思い浮かべてほしい。最初はそんな自律飛行する宇宙船を何隻かだけ作って、近くの恒星系に送り出す。到着するとまずはその恒星系で生命を探す。いちいち離着陸しなくて済むように、パワフルなカメラを搭載して宇宙空間から惑星表面の写真を撮ることにしよう。

　次に、自分と同じ宇宙船をもっと作るのに必要な原材料を探す。たとえば僕たちの住む太陽系だと、金属やロケット燃料の材料が、鉄、金、白金、氷の巨大な塊として小惑星帯に大量に漂っている。AI制御の宇宙船だったら、必要な原材料を集めて自分の複製（たとえば5隻）を作り、燃料を注入できるだろう。その5隻の新しい宇宙船が新たな方向に旅立って、同じことを繰り返すんだ。

　この作戦だと宇宙船の数は指数的に増えていく。最初は5隻で、その5隻が25隻に増える。それを5回繰り返すと3125隻になる。9回繰り返せば200万隻弱、そしてたった13回で10億隻を超える。

　つまり、たった一つの賢い宇宙人文明が探査機を5隻だけ打ち上げれば、100万年もしないで天の川銀河を探査し尽くすことができるんだ。これなら経済的にもっと割に合う。

　もちろん相当複雑なテクノロジーだろうけれど、人間の技術者も考えはじめている。とうていそこまではたどり着いていないけれど、もっと長く続いていてもっと高度な文明ならば可能かもしれない。もしかしたら僕たちですら、あと数百年でそんな宇宙船を作れるようになるかも。

　ここで大事なのは、そんな文明がたった一つあるだけでねずみ算式に宇宙船が10億隻に増えるっていうことだ。だからどこかに宇宙人がいて、彼らが十分に賢かったら、彼らの自己複製宇宙船の1隻が地球を訪れている確率は相当高いことになる。

　もちろん、そんな探査機がやって来て姿を現しているのなんて見たこともない。っていうことは？　もしかしたらそんな高度な文明はどこにも存在していなくて、このアイデアが現実になるか

どうかは僕たちにかかっているのかもしれない。あるいは、高度
な文明は確かに存在するけれど、こんなの大変すぎるって思った
のかもしれない。

　そもそも彼らは自分たちの存在を知られたくないのかも……。

シナリオその4：もうやって来ている？

　ここまでのどのシナリオでも、一つちょっとした仮定を置いて
いた。それは、宇宙人が地球にやって来たら高らかに宣言して、
種族間調和（または種族間征服）の新時代が幕を開けるっていう仮
定だ。

　でも、近所の宇宙人探検家や自己複製探査機は実際にもう地球
を訪れているけれど、僕たちが気づいていないだけだとしたら？
彼らが地球に来るのが早すぎたのかもしれない。地球上で生命が
生まれたのは数十億年前だけれど、宇宙人襲来なんていう大事件
に気づいて記録できるような知的生命が誕生したのはたった数万
年前だ。僕たちが彼らを見過ごしていたとしたら？　僕たちの文
明がまだおしめを着けていた時分に彼らが訪れていたとしたら？

　もしそうだとしても、タイミングが悪かったなんて思わなくて
いい。きっと戻ってくるんだから。地球が形成されるとすぐに生
命が誕生したんだから、彼らは最初の地球訪問で生命が繁栄しは
じめているのに間違いなく気づいたはずだ。だから再び戻ってき
て様子を確かめようって思うに違いない。さっき言ったように、
宇宙船の大艦隊なら5万年で天の川銀河を探検し尽くせるんだ

から、もうちょっと待っていれば次のバスが回ってくるのかもしれない。

　でもちょっと待った。僕たちが彼らの訪問に気づかなかったのは、彼らが気づかれたくなかったからだとしたら？　僕たちと話をしたくなかったんだとしたら？　さっきの基本的な仮定が間違っていて、彼らは誰とも付き合いたくないんだとしたら？　銀河探検の物理をいくら考えたところで、宇宙人は物陰に隠れる恥ずかしがり屋じゃないなんて言い切れない。凶暴かもしれない宇宙人と交わるような浅はかな連中じゃないのかもしれない（つまり僕たちこそが危険宇宙人だったとしたら？）。宇宙人が何を考えているかなんて理解できるはずがない。

　話をまとめると、宇宙人がまだ地球を訪れていないか、またはやって来たことを僕たちに教えてくれていない理由なんていくらでも考えられる。天の川銀河はすごく広いし、宇宙はますます広いんだから、どこかに知的生命が存在する確率について僕たちが知らないことはたくさんある。天の川銀河（または宇宙全体）の中で僕たちが一番賢くて、近いうちにほかの宇宙人が地球にやって来そうにはないっていう可能性もあるんだ。

　もしそうだとしたら、僕たちこそが宇宙に飛び出してほかの宇宙人を訪問しないといけないのかもしれない。探検の喜びのため

でなくても、少なくともスナックを見つけるためにね。

3
もう一人の君がいるの？

　どこかに君の分身がいたとしたら気味悪くないかい？

　見た目もそっくり、好き嫌いも同じ（バナナは好きで桃は嫌い）、特技（バナナスムージー作り）と欠点（バナナスムージーのことを語り出したら止まらない）も同じ、記憶やお笑いセンスや性格も同じ。そんなのがいるってわかったら怖くないかい？　会ってみたいかい？

　あるいは、君とほとんどそっくりだけれど少しだけ違う人間がいたとしたら、ますます気色が悪い。君よりも良くできた人間だとしたら？　もっとおいしいフルーツスムージーを作れたり、もっと有意義な人生を送ったりしているかもしれない。あるいは君よりも出来が悪かったら？　悪魔の双子みたいな困ったやつだっ

たら？

　そんなことありえるの？

　想像しにくいかもしれないけれど、物理学ではもう一人の君が
いる可能性を否定できない。それどころか、もう一人の君がいる
かもしれないっていうだけじゃなくて、きっといるだろうって考
えている物理学者もいる。だとしたら、君がこの本を読んでいる
まさにこの瞬間、君と同じ服を着て同じように座り、同じ本を読
んでいるもう一人の君がどこかにいるかもしれないっていうこと
になる（もうちょっとおもしろい本かもしれない）。

　どういうことなんだろう？　どのくらいありえそうなことなん
だろう？　それを知るためにまずは、君がどれだけ特別な存在な
のか考えてみよう。

君が君である確率

　どこかに君と瓜二つの人間がいるなんて、すごくありえそうにないことじゃないの？　そもそもこの宇宙が君を作り出すためには、いったいどんなことが起こらないといけなかったんだろう？

　ガスと塵でできた雲の近くで超新星が爆発して、その衝撃波でこの雲が重力収縮して太陽と太陽系が作られないといけない。太陽からの距離がちょうど良くて、水が凍りもしないし蒸発もしないような場所でその塵のごく一部（0.01% 未満）が集まり、惑星が作られないといけない。生命が誕生して、恐竜が絶滅し、人類が進化して、ローマ帝国が滅亡して、君のご先祖さまがペスト禍を生き延びないといけない。君の両親が出会って惹かれ合わないといけない。君のお母さんがちょうど良いときに排卵して、君の遺伝子のもう半分を持った精子が何十億匹もの精子との競走を勝ち抜かないといけない。それでやっと君が生まれる。

なんでこんなに
時間かかったの？

　さらに、いまの君があるのは人生でどんな選択をしてきたからなのか、考えてみよう。君はバナナをたくさん食べた（または食べなかった）。ある大事な友達と出会った（または出会わなかった）。あるとき家にいようと決めたから、果物を積んだ荷車に轢かれず

に済んだ。宇宙のことが書いてあるこのくだらない本をなぜか見つけて、読むことに決めた。45億年前から始まったこれら全部の出来事のおかげで、いまここにこうして君がいるんだ。

　じゃあ、以上すべての出来事がもう一回まったく同じように起こってもう一人の君ができる確率は、いったいどのくらいなんだろう？　すごく低そうじゃないかい？

　実はそんなことないんだ！　君の存在につながった偶然の出来事や選択、タイミングを全部たどっていって、それぞれの確率を計算してみよう。

　スタートは今日。朝、目が覚めてから君はいくつ選択をしただろう？　ベッドから起き上がろうと決めて、着る服を選んで、朝食に食べるものを選んだと思う。どれもちっぽけな選択だけれど、君の人生を変えるかもしれない。

　たとえば、バナナ柄のブラウスやネクタイを着けたかどうかで、未来の伴侶が君に気づくかどうか違ってくるかもしれない。そこで、人生を変えるような選択を1分あたりだいたい1回か2回はやっているとしよう。すごいプレッシャーだって思うかもしれないけれど、量子力学とカオス理論を信じるならもっとずっと多いはずだ。でもとりあえず1分あたり2回とすると、君は大事な選択を1日に数千回、1年間で約100万回もしていることになる。20歳以上の人だったら、人生で2000万回以上の選択をしてきたおかげで君は今日ここにいるんだ。

人生を変える
選択なのよ！

　次に、君がする選択はどれも、AかBか、バナナか桃かというように、2つの選択肢しかないと仮定しよう。実際にはもっとたくさんあるけれど（最近のランチメニューはどれだけたくさんあるか知ってるかい？）、シンプルに考えていこう。2000万回の選択のおかげで君がいまの君になった確率は、1/2を2000万回掛け合わせて、$1/2^{20,000,000}$ となる。

　どうして？　選択をするごとに組み合わせの数は増えていく。ベッドの左右どっちから下りるか、朝食にバナナと桃のどっちを食べるか、仕事に電車とバスのどっちで行くかを選ばないといけないとしたら、君にとって今日がどんな日になるかは $2 \times 2 \times 2\ (=2^3)$ 通りあることになる。だから、ベッドの左側から下りてバナナを食べてバスに乗る確率は、2^3 分の1、つまり1/8となる。

　人生で「AかBか」の選択を2000万回するとしたら、君の人生の道筋は $2^{20,000,000}$ 通りあることになる。すごく大きい数だ。でもまだ序の口だ。

　さらに、君の両親がした選択によって君が生まれる確率も考え合わせないといけない。それを含めると選択の回数はさらに4000万回増える（お父さんとお母さんで2000万回ずつ）。4人のおじいさんとおばあさんを含めるとさらに8000万回増える。ひいお

じいさんとひいおばあさんを含めると？　1億6000万回増える。どうなっていくかわかるかい？　1世代さかのぼるごとにご先祖さまの人数が2倍になって、君に影響を与えたかもしれない選択の回数はさらに増えていく。人類は少なくとも3万年前から存在していて、だいたい1500世代だ。彼らの選択を全部考え合わせると、さっきの数はますます大きくなる。

　ただしずっと昔にさかのぼると、ご先祖さまどうしが親戚で、家系図の中に同じ人が2回出てきたりするから、もう少し複雑になってくる。でも説明するのが面倒くさいし、計算が難しくなってしまう。そこでややこしくならないように、君に影響を与えた人は1世代あたり2人だけだったとしよう。それでも選択の回数は、1500世代×2人×2000万回 =600億回となる。君がたまたまここにいる確率は $2^{60,000,000,000}$ 分の1だ。

　でもまだまだ終わらない。人類誕生以前の歴史と、ちっぽけな微生物にまでさかのぼる数十億年の進化も考えに入れてみよう。地球上の生命はいまから約35億年前に誕生した。そこまでさかのぼる家系図を作ったら、微生物と単純な植物でほとんど埋まってしまうだろう。それらは意識的な選択はしなかったかもしれないけれど、どんな風が吹いたか、太陽が当たったか、雨が降った

かといった、いろんな偶然の出来事から影響を受けた。君のご先祖さまである微生物は1日あたり少なくとも1回偶然の出来事から影響を受けて、その偶然の出来事はそれぞれ2通りの結果になる可能性があったとしよう（たとえば石が落ちてきたか、落ちてこなかったか）。すると選択の回数はさらに1兆回（1,000,000,000,000回）も増えてしまう。

　続いて宇宙のこのあたりの様子を、太陽系が誕生した45億年前からさらに昔まで巻き戻していってみよう。君の身体を作る原子を含んでいたかつての恒星や惑星をたどっていって、140億年前のビッグバンにまでさかのぼるんだ。当時、君の人生の道筋に影響を与えたかもしれない大事な出来事が、とてつもなく低く見積もって1日1回起こったとしよう。すると、今日までつながる選択の回数はだいたい1000兆回となって、君がここにいる確率は $2^{1,000,000,000,000,000}$ 分の1にまで小さくなる。

起こりそうもないけどありえなくはない？

　この $2^{1,000,000,000,000,000}$ っていう数はものすごく大きい。1のあとに0が約100兆個も連なっているんだ。ものすごく大きくて僕たちの頭じゃ理解すらできない。それと比べると、観測可能な範囲

の宇宙全体にある素粒子の数はたったの 2^{265} 個だ。$2^{1,000,000,000,000,000}$ 個の素粒子を集めるためには、観測可能な範囲の宇宙全体を約 30 億回も 2 乗しないといけないんだ。

　君が生まれたのは小さな奇跡なんだってお母さんは言うけれど、それもあながち冗談じゃなかったんだ！　君と瓜二つの人が過去に生きていたか、または未来に生まれる確率は、$2^{1,000,000,000,000,000}$ 分の 1、つまりほとんどゼロ。君が再び現れるのは、$2^{1,000,000,000,000,000}$ 面のさいころを振って同じ目が 2 回出るくらいラッキーなことなんだ。ふつうだったらそんなのに賭けたいなんて思わない。

　じゃあ物理学者に言わせると、もう一人の君が存在する確率はどのくらいなんだろう？　現実っていうのは不思議なもので、どこかにもう一人の君がいるようなシナリオが実は何通りもある。しかもあるシナリオだと、実際にもう一人の君と出会ってしまうかもしれないんだ（ここで悪魔の双子の効果音「デンデンデーン」）。

多宇宙

　この宇宙の中にもう一人の君がいるだなんてイメージしにくいかもしれない。だとしたら、桃が好きで電車に乗るバージョンの君はどこか別のところで探さないといけないのかもしれない。

　僕たちの住むこの宇宙のほかにも宇宙がたくさんあるかもしれないっていう説に、大勢の物理学者が夢中になっている。宇宙は多数あるかもしれないって言うんだ。そんな別宇宙の中の一つに別バージョンの君がいるかもしれないっていうの？　この説を

"多宇宙仮説"といって、困ったことに物理学者はいろんなバージョンの多宇宙仮説を考え出している。

ちょっとずつ違う宇宙からなる多宇宙

あるバージョンの多宇宙仮説によると、僕たちの住むこの宇宙は無限個ある宇宙の中の一つだという。一つ問題なのは、それぞれの宇宙がちょっとずつ違うことだ。

この宇宙を詳しく調べていくと、まるで誰かが決めたみたいなちょっと不気味な事実がたくさん見つかる。たとえば宇宙の膨張の様子を決める宇宙定数は、たまたま 10^{-122} っていう値になっている。どうしてぴったりこの値なんだろう？　わかっている限り違う値を取ってもおかしくないのに、一見理由もなしにこの値を取っていて、物理学者はすごくもやもやしている。物理学者にとってはどんな結果にも原因があるはずだから、宇宙定数が別に理由なんかなしに 10^{-122} だなんて考えるとわけがわからなくなっちゃうんだ。

物理学者によると、この事実に理屈をつけるためには、宇宙定数が違う値になっている宇宙がほかにたくさんあるって考えるしかないそうだ。たとえばどこかに宇宙定数が 1 であるような宇宙が存在するかもしれない。別の宇宙では 42 かもしれない。どの宇宙も偶然の値を取っていて、僕たちの宇宙がたまたま不気味な値を取っている。そう考えれば、この宇宙の宇宙定数が 10^{-122} だなんて不思議でも何でもない。無限個の宇宙の中からランダムに 1 つ選んだ宇宙に僕たちは住んでいるだけなんだ。

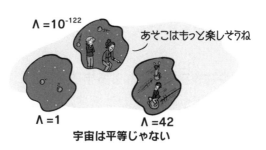

$\Lambda = 10^{-122}$

あそこはもっと楽しそうね

$\Lambda = 1$　　　$\Lambda = 42$

宇宙は平等じゃない

　ならそんな別宇宙の中には、別バージョンの君がいるんだろうか？　よくわからない。

　基本的なパラメータの一つをほんの少しだけ変えると、その宇宙はどのくらい違ってくるんだろう？　その宇宙の中でも同じように生命が誕生できるんだろうか？　違いがものすごく小さければ（たとえば宇宙定数が僕たちの宇宙と 0.000000000000001% しか違わなければ）、別バージョンの君が生まれた可能性はあるだろう。でもそうすると、また違う疑問が出てきてしまう。その別バージョンの君は、基本的に違う宇宙の中に暮らしていても君と瓜二つなんだろうか？

量子多宇宙

　多宇宙仮説にはもう一つ、量子多宇宙仮説っていうものがある。この宇宙にまつわるもう一つの奇妙な事実を説明するために考え出されたものだ。その事実っていうのは、量子力学の不思議なランダム性である。

　量子力学によると、どんな粒子ももともと不確かさを持っているそうだ。たとえば電子を別の粒子にぶつけたとき、その電子が

左右どっちに跳ね返るかを前もって言い当てることはできない。実際に電子をぶつけてどっちに跳ね返るかを測定しないとわからないんだ。

　じゃあ、ある電子が右じゃなくて左に跳ね返るのはなぜなんだろう？　左じゃなくて右に跳ね返るのは？　それを考えると物理学者はまたまたわけがわからなくなってしまう。その結果には原因がないんだ。電子は別に理由なんかなしに左か右かを選ぶの？　どんな粒子も、ほかの粒子と相互作用したときの振る舞い方を別に理由なんかなしに選ぶっていうの？

　幼稚園の遊び場だったら「別に理由なんてないよ」で済むかもしれないけれど、この宇宙についてあれこれ考えている物理学者にとっては納得できない。そこで量子多宇宙仮説のお出ましだ。

　1個の電子が左右どっちに跳ね返るかを選ばないといけなくなると、この宇宙が2つに分裂するんだとしたら？　一方の宇宙では電子は左に跳ね返って、もう一方の宇宙では右に跳ね返るっていうことだ。そしてどっちの宇宙も、別の粒子が相互作用するとまたまた分裂して、さらにたくさん宇宙ができるとしたら？　信じられないかもしれないけれど、こうすると宇宙がランダムじゃなくなるから、物理学者にとってはこのほうが筋が通っている。どうしてこの電子は左に跳ね返ったの？　もう一つの宇宙では右

に跳ね返ったからだ。左右どっちにも跳ね返ったんだからランダムじゃない。

　そうするともう一人の君探しはどうなってくるだろう？　量子多宇宙仮説が本当だとしたら、別バージョンの君は<ruby>ほ<rt>・</rt></ruby><ruby>ぼ<rt>・</rt></ruby><ruby>間<rt>・</rt></ruby><ruby>違<rt>・</rt></ruby><ruby>い<rt>・</rt></ruby><ruby>な<rt>・</rt></ruby><ruby>く<rt>・</rt></ruby>どこかにいることになる。それどころか、ある粒子が「左か右か」を選ぶたびに新しい宇宙ができて、そのたびに新しい君がポッと生まれてくるんだ。量子多宇宙仮説では、君は一人だけじゃなくて数えきれないほどいるし、こうやって話をしているあいだにもどんどん生まれているんだ。

量子でわんさか

　もちろんそうした宇宙の中には、ビッグバンと同じくらい大昔にできて僕たちの住む宇宙とはすごく違っているから、別バージョンの君が存在しないようなものもあるだろう。宇宙の初期に1個の電子が右じゃなくて左に跳ね返ったことが決定的な影響を与えて、そこから枝分かれしたたくさんの多宇宙は僕たちには見当もつかないような姿になってしまったかもしれない。量子的効果

によって君の人生がぜんぜん違う方向に進んでしまった多宇宙も
あるかもしれない。だとしたら、どこかに悪魔の双子バージョン
の君がいて、絶対おいしいバナナスムージーじゃなくて桃のスム
ージーを作っているのかもしれない。

多宇宙仮説は本当なの？

　どっちのバージョンの多宇宙仮説でも、もう一人の君は存在す
るかもしれない。それどころか、別宇宙には別の君が大勢いるの
かもしれない。でもこの仮説が正しいかどうかわかっているの？
残念だけれどわかっていない。いまのところ多宇宙仮説は、この
宇宙の選り好みがすごく激しいわけを説明するために、または少
なくとも言い訳するためにひねり出したアイデアでしかない。た
とえ別宇宙が存在していたとしても、僕たちの宇宙とつながって
いないから、やり取りする方法は何一つない。だから別宇宙を訪
れるどころか、その存在を確かめることも絶対にできないだろう。
　っていうことは、昼ドラになりそうな君と悪魔の双子との劇的
な出会いは、絶対に起こりようがないの？
　そうとも限らない。もう一人の君が存在するシナリオがもう一
つある。この宇宙の中に存在しているかもしれないんだ。だとし
たら、もう一人の君と出会える可能性はまだ残っていることにな
る（「デンデンデーン」）。

この宇宙の中にもう一人の君がいる

　この宇宙の中に別バージョンの君がいるなんてありえるの？　君が住んでいるのと同じ宇宙にだ。この本を読んでいるまさにいま、君は悪魔の双子と同じ宇宙、同じ銀河の中にいるなんてことがありえるの？

　この宇宙の別の一角に、僕たちが生まれたのとそっくりなガスと塵の雲があったとしたら？　そこでたまたまいい具合に超新星が爆発して、太陽や太陽系とそっくりの恒星や恒星系ができたとしたら？　その恒星系の中で、太陽から地球までの距離とちょうど同じ場所に地球そっくりの惑星が作られたとしたら？　そしてその惑星の上で地球とまったく同じことが起こって、君と瓜二つの人間が生まれたとしたら？

　さっき計算したように、そんなことが起こる確率はそれこそ天文学的に小さい。$2^{1,000,000,000,000,000}$ 面のさいころを振って同じ目が2回出るくらいありえないんだった。[7]

7　ちなみに各面の大きさが 1cm^2 だとすると、$2^{1,000,000,000,000,000}$ 面のさいころは観測可能な範囲の宇宙全体よりも大きくなってしまう。

確かにすごく低い確率だけれど、肝心なことがある。ゼロじゃないんだ。だから、確かに起こりそうもなくて奇跡的ではあるけれど、この宇宙の中で君が再び生まれるのは厳密に言うとありえないことじゃない。$2^{1,000,000,000,000,000}$ 面の巨大さいころを振って同じ目を 2 回出すのが難しいからといって、絶対に出ないわけじゃない。ガスと塵の雲から恒星ができてさいころが振られるたびに、もう一人の君が生まれる可能性がある。理屈的には、別の銀河か、もしかしたら天の川銀河の反対側で、たまたま太陽系とそっくりの恒星系が生まれるかもしれない。ありえないことじゃないんだ。

しかも宇宙についてもっと考えていくと、君が再び生まれる確率はさらに高くなる。たとえば天の川銀河には恒星が約 2500 億個あるから、宇宙のさいころが振られて君が再び作られるチャンスは 2500 億回もある。もちろん $2^{1,000,000,000,000,000}$ 面のさいころを 2500 億回振っても再び同じ目が出る確率はまだすごく低い。でも宇宙はもっとずっと広い。

観測可能な範囲の宇宙を考えてみよう。僕たちに見える宇宙の一角には少なくとも 2 兆個の銀河があって、その一つ一つが数千億個の恒星を持っていることがわかっている。そうするとさっきの確率はもう少し高くなる。例のさいころを 2^{78} 回振って $2^{1,000,000,000,000,000}$ 個の目のうちの 1 つが出る確率と同じになるんだ。

でもこの宇宙は僕たちに見える範囲よりもずっと広いのかもしれない。ものすごく広くて、恒星が $2^{1,000,000,000,000,000}$ 個もあったとしたら？　だとすると、$2^{1,000,000,000,000,000}$ 面のさいころを

$2^{1,000,000,000,000,000}$ 回振ることになって、確率はずいぶん高くなる。5割を超えるんだ。ギャンブル好きだったら賭けてみようって思うんじゃないの？

　この宇宙は本当にそんなに大きいの？　恒星が $2^{1,000,000,000,000,000}$ 個も存在するなんてありえるの？　実は物理学者は、この宇宙はもっと広いかもしれないって考えている。きっと無限に広いっていうんだ。

無限の宇宙

　無限の宇宙だなんてなかなか頭が回らない（文字どおりの意味でもそうだし、たとえとしてもそうだ）。全方向に果てしなく広がった宇宙、イメージしてみて。

　そうすると、もう一人の君が存在する確率はどうなるだろう？宇宙が無限であれば、もう一人の君はどこかにほぼ間違いなく存在している。$2^{1,000,000,000,000,000}$ 面のさいころを $2^{1,000,000,000,000,000}$ 回振って君と同じ目が出る確率も確かに低くなかったけれど、無限回振ればほぼ間違いなく出るだろう。無限っていう数はものすごく大きくて、それに比べたら $2^{1,000,000,000,000,000}$ なんて数はちっぽけだ。実は例のさいころを無限回振ったら、$2^{1,000,000,000,000,000}$ 個の目のうちの1つは1回だけじゃなくて無限回出る。っていうこと

8　たとえば、6面のさいころを6回振ってある目（6としよう）が出る確率は約66%。悪魔の数字みたいで気味が悪い。

は、この宇宙のどこかに別の君が1人いるだけじゃ済まない。無限の人数いるんだ。

　ロケットに飛び乗って一方向にずーっと飛んでいったとしよう。初めのうち、恒星や銀河はそれぞれぜんぜん違う姿をしている。それもそのはず、同じ恒星が再び生まれる確率はすごく低いからだ。でもいろんな場所をたどっていくと、前に見たのとそっくりの場所が2度、3度と目に入ってくる。太陽や地球、そして君が生まれたのとたまたま同じ条件の場所も見つかるだろう。さらに飛びつづけたら、またまた同じ条件の場所が見えてくるだろう。それが無限に繰り返される。そしてその星々を通過するたびに、別バージョンの君が見えるだろう。君とまったく同じバージョンも、違うバージョンも。無限っていうのはそれほど大きいんだ。

宇宙がアイデア使い果たしちゃった

　しかもその別バージョンの君たちは同じ宇宙の中にいる。もちろんあまりにも遠くて、実際には宇宙船でも絶対にたどり着けないかもしれない。でももしも、空間上での距離を切り詰める方法が見つかったとしたら？　時空内の2点間をつなぐワームホールみたいなものがあったら、理屈上は別バージョンの君のそばまで行けるかもしれない。物理学ではそんなことありえないなんて

言い切れないんだ！

ディナーに来たのは誰？

おしまい

　どこかにもう一人の君がいるんだろうか？　それは場合による。多宇宙仮説が正しいか、この宇宙が無限だったら、その答えはほぼ確実にイエスだ。どっちの仮説も間違いだってわかったら、答えはほぼ確実にノーだ。おもしろいことに中間の答えはどうやらない。宇宙全体で君は一人だけか、または無限の人数いるか、そのどっちかなんだ。

　まさにハラハラドキドキの昼ドラだ。デンデンデーン！

4
人類はいつまで
生き延びられるの？

まずは悲しいお知らせから。みんないつかは死ぬ。
人類が永遠に続いて、時の終わりまで僕らの文明や文化が
繁栄しつづけてほしいって思っている人には残念だけれど、そん
なことほぼありえないんだ。

　確かに人類はすごく短い期間でここまで進歩してきた。木から
下りて都市を作り、コンピュータを発明してチョコナッツバター
を見つけ、宇宙の奥深い真理を解き明かしたのは、まるで昨日の
ことみたいだ。137億歳っていう宇宙の年齢に比べたら、僕らは
たったいま生まれたばかりみたいなもんだ。でもこのお祭り騒ぎ
はいつまで続けられるんだろう？

　僕たちは宇宙の黄金時代を何億年も何兆年も生きつづけられる
んだろうか？　それとも、チョコナッツバターを塗りたくる栄光
の日々はあっという間に終わって、ロックスターみたいに消えて
しまうんだろうか？

　みんな知っているとおり、人類を絶滅に追いやるような出来事なんていくらでもある。この宇宙は、僕たちを破滅させかねない危険であふれている。自滅するかもしれないし、太陽に飲み込まれようとする小惑星が地球を破壊してしまうかもしれない。人類が時の終わりまで生き延びるためには、そうした出来事を一つ生き抜くだけじゃダメ。全部生き抜かないといけない。

　うれしいことにまだチャンスは残っている。そのチャンスがどのくらいあるかは、2つのことにかかっている。人類を絶滅させるような出来事が起こる確率と、いつまでも生き延びたいかだ。まさにいま僕たちを絶滅させるような銃弾はかわせるかもしれないけれど、宇宙の遠くから何発も銃弾が飛んでくるかもしれないし、宇宙の土台そのものに撃たれてしまうかもしれないんだ。

　じゃあ古臭いマヤのカレンダーなんてビリビリに切り裂いて、このテーマをたどっていくことにしよう。"世界の終わり"までの道のりだ。

目の前の脅威

　宇宙の終わりが近づいても人類は生き延びて、いまから何百億年ものんきにチョコナッツバターのサンドイッチ[9]を食べていられたらなぁ。でもいつ世界が終わってもおかしくはない。毎朝ウェブブラウザーを開くと、大惨事がすぐそこまで迫っているみたいに思えてしまう。パンデミック、いかれた独裁者、それともシャワールームでみんながいっせいに足を滑らせるとか。

滑り止めマットなんて
信用してなかったみたいだ

水遊びでもしてたのか？

　確かに大惨事かもしれないけれど、それで本当に人類は終わるんだろうか？　これまでも人類はパンデミックを何度もかいくぐってきたじゃないか。独裁者も永遠に生きているわけじゃない。WHO が全力を出せば、世界中の人に滑り止めマットを買ってあげることだってできる。

9　それともチョコナッツバターのタコス？　ちょっと話し合いが必要だ。

じゃあ、物理学から見て本当に人類を絶滅させかねない出来事について考えていこう。いますぐに人類の一番の脅威になるのは何だろう？　僕たち2人が考えるに……

核戦争

1980年代、みんなが核兵器のことを心配していたのを覚えているかい？　それからどうなったと思う？　いまもまだあるんだ！　ツイッターやTikTokで頭がいっぱいかもしれないけれど、いまでも赤ボタンを1回押すだけで人類の文明が終わってしまうことを忘れちゃいけない。核爆弾はそれだけパワフルなんだ。初めの頃の核爆弾はエネルギーが60テラジュールくらいだった。それがいまでは何千倍もパワフルになっているし、数もずっと多いんだ。

全面核戦争が起こる可能性はどのくらいあるんだろう？　君が思っているよりも高いんだ。歴史上、アメリカかロシアの指導者が核戦争を始めそうになったことなんて何度もある。たとえばこんな恐ろしい出来事があった。

・1956年、白鳥の群れをソ連の戦闘機の編隊と勘違いした上

に、ほかにもなんてことのない出来事がいろいろ重なったせ
いで、アメリカが反撃を開始しそうになった。

・1962 年、ソ連の潜水艦がキューバ沖でアメリカの艦隊から
　警告射撃を受けた。攻撃が始まったと思った潜水艦の乗組員
　は、アメリカに向けて核ミサイルを発射しそうになった。

・1979 年、訓練用のプログラムが間違って NORAD（北米航空
　宇宙防衛司令部）のコンピュータにロードされた。そしてアメ
　リカ大統領に、ソ連から 250 発のミサイルが発射されたの
　で 3 分から 7 分以内に反撃の決断を下すべしというメッセ
　ージが送信されてしまった。

・2003 年、ロンドン郊外に住むある老女が、食料品を買おう
　としていて知らないうちにアメリカ政府のコンピュータに侵
　入した。そしてトリプル・チェリー・ボムっていうカクテル
　の材料を入力したせいで、核攻撃が始まりそうになってしま
　った。

　そんなわけあるかって思うかもしれないけれど、どれも実際に
起こったことだ。まぁ一つだけは嘘だけれど、見分けられなかっ
たら僕たち 2 人の狙いどおりだ。ダグラス・アダムスの SF みた
いに、人類は白鳥の群れみたいなくだらないことで簡単に絶滅し
てしまうかもしれない。しかも危機一髪だった出来事はこのほか
にもたくさんあるんだ。

核戦争が起こったらどんなひどいことになるんだろう？　すごくひどいことになる。まずいのは爆発と放射線だけじゃない。大量の煙と塵が上空に舞い上がって太陽光を遮り、核の冬が訪れるんだ。広い地域が放射能で汚染される上に、何十年ものあいだ気温が数十度も下がって新たな氷河期に突入する。あるいは、もしも1発が海や大きな湖のそばで爆発したら、大量の水蒸気が大気の上層に舞い上がる。そして超強力な温室効果ガスの層ができて気温が急上昇し、地球は灼熱地獄に向かう。どっちにしても地球は人間の住めない惑星になってしまうんだ。

気候変動

　自分たちを木っ端微塵にするのはどうにかして避けられたとしても、まだ二酸化炭素の排出の悪影響をどうにかしないといけない。気候変動は現実に起こっているし、人間のせいだ。何かのテーマで科学者の意見が一致するなんてすごく難しいことだから、100人中98人の科学者が気候変動は起こっているって考えているんだったら、そのデータはすごく信頼できるに違いない。

　気候変動なんてたいしたことないって受け流す人もいるかもしれない。地球が数℃温かくなったところで何がまずいっていうんだい？　気候変動がどんなに深刻な問題か疑っている人は、金星人に聞いてみてほしい。金星人なんて一人も知らないって？　当たり前だ。

　金星は太陽系の中でも一番住みづらい場所の一つだ。金星表面の温度は460℃以上、鉛でも融けてしまう。でも驚くことに、かつての金星は地球とすごく似ていたという。金星と地球はたぶん同じ材料から作られたので、かつて金星にも液体の水の海があって、気温もほどほどだったのかもしれない。でもたぶん太陽に近かったせいで、あるとき海が干上がって暴走的な温室効果が始まった。水蒸気が太陽光をたくさん捕まえて表面が熱くなり、そのせいでさらに水が蒸発してさらに表面が熱くなった。それが繰り返されたんだ。

　油断していると地球でもほとんど同じことが起こるかもしれないんだ。

テクノロジーの暴走（「しまった」）

　人類がどうにか賢くなって、自分たちを吹き飛ばしたり地球をダメにしたりするのを避けられたとしよう。でも賢くなりすぎる

ってことはないの？　自分たちの発明したテクノロジーに殺されてしまうなんてことはないの？

　テクノロジーが強力になって複雑になるにつれて、本当の危険が迫ってくるって考えている科学者もいる。僕たちの作った人工知能が、人間なんて時代遅れだからどっか行ってもらおうって判断するかもしれない。僕たちの作った自己複製ナノボットの群れ、"グレイグー"が制御が利かなくなって、地球上の有機物を食い尽くしてしまうかもしれない。[10]近い未来、ほかにどんなテクノロジーが開発されて思わず僕たちを消し去ってしまうのか、そんなこと誰にもわからないんだ。

もう少し未来の脅威

　じゃあ楽観的になってみよう。人類はどうにかして核兵器を廃絶して、環境破壊を防ぎ、高度なテクノロジーにオフスイッチを取り付けられるくらいに賢くなったとしよう。文明が成熟してもっと賢くなり、危険なデバイスを片付けて、みんなで生き延びられるように一緒に取り組む方法を身につけるかもしれない。そう

10　実際の話だ。ググってみて。

だといいなぁ。近いうちにまた別の脅威がやって来るんだから。

　地球上での危険を生き延びられたら、数千年単位で起こる別の脅威がもっと現実味を帯びてくる。宇宙からやって来る死神だ。

　遠い宇宙から姿を現した巨大小惑星が地球に衝突して大量絶滅が起こったら？　以前もそういうことがあったし（恐竜のこと覚えているかい？）、またあるかもしれない。地球そのものが真っ二つになってしまうような超巨大小惑星かもしれない。マンハッタン島くらいの中型小惑星でも、大気中に大量の塵が舞い上がってとてつもない気候変動が起こるかもしれない。あとのほうの章（『いつか小惑星が地球にぶつかってみんな死んじゃうの？』）で取り上げるとおり、数百年以内だったら起こりそうにないけれど（太陽系の中にある、地球を破壊するようなサイズの小惑星は、いまのところほぼ全部追跡されている）、1000年以上先だと誰にもわからない。未来になればなるほど予測はあいまいになってくる。

　もっとまずいことに、小惑星とは違うやつがこっちに向かってくるかもしれない。彗星は軌道がすごく大きくて、太陽系の中にはまだ見つかっていないものがたくさんある。そんな彗星のどれかが1000年周期の軌道をたどって戻ってきて、地球に衝突するかもしれないんだ。

きれい！　彗星だ！

　どっちにしてもあと数千年生き延びたいんだったら、ブルース・ウィリスがずっと元気で、小惑星や彗星をなんとかして逸らせるか破壊するかしてほしいもんだ。[11]

数百万年単位の脅威

　数百万年のスケールになるとどうだろう？　そこまでなんとかして生き延びられたら、どんな脅威が現実味を帯びてくるんだろう？

　宇宙は危険な場所だ。ブルース・ウィリスのクローン作成技術を開発して、『アルマゲドン』張りの対小惑星・彗星防衛計画を立てたとしても、僕たちを皆殺しにするかもしれない事柄がたくさんある。一つすごく危険なのは、遠くの宇宙からやって来た天体が太陽系全体を引っかき回してしまうことだ。

　君も知っているとおり、太陽系の惑星は太陽のまわりをお行儀の良いきれいな軌道を描いて公転していて、その軌道が大事な意味を持っている。でもその軌道はすごく崩れやすい。各惑星の軌道を指先で回しているお皿にたとえてみよう。太陽系では8枚のお皿を同時に回している。そこに大きくて重い来訪者が現れてドカドカぶつかってきたらどうなるだろう？　太陽系規模の大惨事だ。

　恒星間彗星オウムアムアみたいな小さな来訪者だったら、たい

した混乱は起こらないだろう。でももしも、超大型小惑星（遠い宇宙からはぐれてきた惑星とか）が太陽系に侵入してきたら？

　まずいことにそういうはぐれ惑星は、何にもぶつからなくても僕たちを皆殺しにできてしまう。近づいてくるだけで太陽系をぐちゃぐちゃにしてしまうんだ。その重力のせいで各惑星が軌道からはじき出されて、平和だった太陽系が大混乱してしまうかもしれないんだ。

　しかもちょっとしたことで僕たちはひどい目に遭ってしまう。地球の軌道はすごく繊細で、思いがけない来訪者にちょっと引っ張られただけで変化してしまうかもしれない。太陽に近づきすぎて地球上のあらゆるものが焼け焦げてしまったり、遠ざかりすぎてすべて凍りついてしまったりするかもしれない。来訪者がもっとずっと近づいたら、地球は太陽系からはじき出されて永遠に宇宙を漂うことになってしまうかもしれない。

　数百万年のタイムスケールなら、さらに想像力を膨らませることができる。小惑星じゃなくて別の恒星が太陽系に近づいて来たら？　もっと言うとブラックホールだったら？

　恒星やブラックホールはただじっとしているもんだって思いがちだ。でも実際には宇宙空間の中で動いている。それどころか、天の川銀河のすべての天体が銀河の中心のまわりを公転している。しかもメリーゴーランドと違ってその軌道はお行儀良くない。数百万年のタイムスケールで見ると、はぐれた恒星やブラックホールがこっちに近づいてくるのは十分にありえることなんだ。

　そうなるとかなりまずいことになる。

　太陽系をシミュレートして太陽と同じ質量の天体を近づけると、ほぼ決まって大惨事が起こる。惑星は宇宙空間にはじき飛ばされてしまう。太陽系から離れた惑星がブラックホールに連れ去られてしまうこともある。じゃあ地球が連れ去られたら？　ブラックホールのまわりを回る惑星は暗くて冷たく、生命なんてすぐに死んでしまうだろう。

　そんなことがいますぐに、あるいは数千年以内に起こるとは思えないけれど、数百万年のあいだには十分に起こりえるんだ。

　以前にも太陽系が引っかき回されることはきっとあっただろう。数百万年のあいだ太陽系を観察しつづけたらすごく無秩序に見えるだろう。現在の太陽系が静かで落ち着いているように見えるのは、ここ数百年のあいだ変化していないからだ。でももっと長いタイムスケールで見ると、すごく危険な場所だ。実は太陽系のあちこちに大惨事の痕跡が残っている。地球の月は衝突によって作られたし、天王星がすごく傾いているのは何かの重力が働いたからだ。いま僕たちが見ている太陽系は、数十億年前の太陽系とはぜんぜん違う姿をしているんだ。

　はぐれた惑星や恒星やブラックホールが太陽系に侵入してきた

ら、未来の人類には何ができるだろう？　いくらブルース・ウィリスのクローン軍団でも、そんな巨大な天体を逸らせたり破壊したりするのは無理だろう。生き延びたいんだったら選択肢は一つしかないかもしれない。ほかの星にすがるんだ。

ブルース、ブラックホールは
あっちだぞ

わかってるよ

数十億年単位の脅威

　さらに遠い未来に目を向けてみよう。もしも人類が何千万年も何億年も生き延びられたとしたら、それは太陽系のほかの天体とかほかの恒星系に植民できたからに違いない。そういうタイムスケールだと、地球を離れるしかないような出来事（はぐれた惑星とかブラックホールとか）にほぼ必ず出くわすはずだ。

　でもたとえそういう出来事が起こらなかったとしても、人類はいずれは地球を離れるしかないことがわかっている。

　40億年以上穏やかに燃えつづけてきた太陽が、やがて変化しはじめる。10億年くらいかけてずっと高温になって、ずっとずっと大きくなるんだ。それどころか10億年もしないうちに、いまの地球のある場所くらいまで大きくなってしまう。だから超強力

な日焼け止めでも開発しない限り、僕たちは移り住むしかない。もっと遠い惑星とか小惑星帯とかに。冥王星ってあったよね？惑星から引きずり下ろしたのを恨んでいなければいいけれど。

ごめんよ、
冥王星

いまさら
誰が
準惑星
だって?

　でもたとえ居心地のいい小惑星を見つけるか、冥王星に移住するかしても、やっぱり時計の針は進みつづける。さらに10億年経つと、太陽は元気がなくなってほとんどのガスを吹き飛ばし、あとには燃えかすの白色矮星（はくしょくわいせい）が残る。太陽が冷えきって僕たちにぬくもりを提供してくれなくなったらどうなるだろう？　まさにぞっとする。それから先も数十億年人類が生き延びるためには、太陽系を脱出してほかの恒星を目指し旅立つしかないんだ。

さらにその先

　人類がいまから何十億年も何兆年も未来にまだ存在していたとしたら、きっと地球や、さらには太陽系じゃないところにいるのは間違いない。どうにかしてそこまで生き延びたとしたら、広大な宇宙空間を渡って天の川銀河のほかの場所に移住する方法を身

につけたのはほぼ確実だ。それどころか、もしもほかの恒星系に
旅してほかの惑星に植民する方法を身につけたんだったら、天の
川銀河全体に人類の定住地はたくさんできているだろう。

　人類の文明が天の川銀河全体に広がったとしてみよう。そこま
で行き着いたら人類は永遠に生きられるんだろうか？

　人類がいくつもの恒星系に広がれば保険が利く。突然どれか1
つの恒星が超新星爆発したり、どれか1つの人類居住地が血迷
って自爆したりしても、ほかの人類集団がトーチ（もしかしたらチ
ョコナッツバターの瓶）を引き継ぐことができる。そうしたら、僕
たちを根絶やしにするのはゴキブリみたいにすごく難しくなるん
じゃないの？

　もっと言うと、天の川銀河の星々のあいだを旅するよりもすご
いことができたとしたら？　未来の人類が銀河と銀河のあいだの
ものすごい距離を渡る方法（ワームホールとか超高速宇宙船とか）を
見つけ出したら？　天の川銀河が突然爆発したり、別の銀河と衝
突してバラバラになったりしても、人類の一部は生き延びられる
んじゃないの？　怖いものなしなんじゃないの？

　そうとも限らない。そこまで来てもまだ、人類にとって大きな
脅威が2つ残っている。物理法則と無限だ。

ヒッグス場の崩壊

　この宇宙の土台は君が思うほどしっかりしていないって考えて
いる物理学者もいるんだ。

　たとえば、あらゆる物質粒子の質量が突然変化して、運動や相
互作用のしかたが変わってしまうかもしれない。質量は基本的な

性質だけれど一定じゃない。宇宙に満ち満ちた量子場の一つ、ヒッグス場に蓄えられたエネルギーと相互作用することで質量は生まれるんだ。困ったことに、このヒッグス場がどれくらい安定なのかはよくわかっていない。いつかひとりでに、または何かの出来事をきっかけに、ヒッグス場が崩壊してエネルギーを失うかもしれない。もしそうなったら、その崩壊が宇宙全体に広がって物理法則がめちゃくちゃになってしまう。そんなことが起こったら、いま宇宙に見えているものが片っ端から壊れて、何かぜんぜん別のものになってしまうだろう。

待て、ヒッグス、やめて……!!

　それがどれくらい起こりそうなことなのか、そもそも起こりえるのか、科学者にもよくわかっていない。でも、数兆年とかそれより長いタイムスケールで何が起こりえ・ない・かなんて、なかなか予想できない。もしもそんなことが起こったら、たとえ人類が星々に住処(すみか)を広げていたとしても生き延びられるチャンスはゼロだろう。

無限
　無限っていうのは厄介なやつだ。僕たちを消し去ろうとする出来事をことごとく避けられたとしても、やがて時間の重みがずっ

しりとのしかかってくる。無限の概念を理解するのは難しいけれど、無限歳の宇宙では、起こりえることはいずれ全部起こるんだ。

　星々に住処を広げれば生き延びられるチャンスは99.9999999999999999％まで上がるかもしれないけれど、無限の年数が経てば終わりはやって来る。予想も想像もできない何か偶然の出来事がいずれは起こって、全人類が死んでしまうんだ。

じゃあ僕たちはおしまいなの？

　いずれ人類が絶滅してしまうのはすごく残念だけれど、時の終わりまで生き延びられる方法が一つある。ちょっと専門的だけれど、人類が宇宙を股に掛けてほかの銀河でチョコナッツバターを食べているとしたら、まだあきらめるのは早いんだ。

　人類が何十億年も何兆年も生き延びる方法を突き止めたっていうシナリオを考えてみよう。時間の重みとかヒッグス場の崩壊とかでもまだ絶滅していないとしよう。そこで何か予想外のことが起こったら？　宇宙の膨張が止まって突然反転したら？　宇宙が収縮していって、ビッグバンとは逆の流れで超高密度状態に戻ってしまったら？　物理学者はそれを"ビッグクランチ"って呼んでいる。チョコナッツバター入りのおいしいチョコレートバーの名前とそっくりだ。

　もしもビッグクランチが起こったら、僕たちはみんな押しつぶされてしまう。起こるのがわかったとしても、空間そのものが縮んでいくから避けることも逃げることもできない。宇宙がどんどん小さくなっていくから、逃げる場所なんてどこにもない。宇宙が収縮していって密度が無限大になると、超不気味なことが起こる。時間が終わるんだ。たとえると、北極点に着いたらそれ以上北には進めないみたいなもんだ。北極点よりも北はない。それと同じように、空間と時間が押しつぶされるとどっちも終わってしまうんだ[12]。

　そのときまで僕たちは生きていて、宇宙の最後の一息まで粘り通したとしよう。だとすると、人類は時の終わりまで生き抜いたって言えるはずだ。可能な限り生き抜いたって胸を張れるはずだ。

　それなら成功だって言えるよね？　生きられる限り生き抜いて、使える限りの時間を使い切ったって思えるよね？

　でもそんなことできるのかなぁ。

12　少なくともこの宇宙は終わる。物理学者の中には、ビッグバンとビッグクランチが何度も繰り返されるって考えている人もいる。

5
ブラックホールに
吸い込まれたらどうなるの？

みんな知りたいよね？

　いろんな科学の本で取り上げられている難問だし、リスナーや読者からもしょっちゅう質問される。でもどうして？　アメリカじゅうの家の裏庭にブラックホールがポッと出現したとでもいうの？　ブラックホールのそばでピクニックする計画を立てていて、目を離した隙に子供がそのそばを走り回らないか心配してるっていうの？

　そんなわけない。ブラックホールに落ちるとどうなるかみんな知りたがっているのは、実際に起こりそうだからじゃなくて、そもそも不思議な天体に興味津々だからだろう。確かにブラックホールはミステリアスだ。何もそこから出てこられない不気味なゾ

ーン、時空の構造そのものに開いていて世界から完全に切り離された空っぽの穴なんだ。

　そんなブラックホールに落ちたらどうなるの？　絶対死んでしまうの？　ふつうの穴に落ちるのとは違うの？　中に入ったら宇宙の奥深い秘密がわかるの？　目の前で時間と空間がバラバラになるのが見えるの？　ブラックホールの中でも目や頭は働くの？

　その答えを知る方法が一つだけある。飛び込んでみるんだ。じゃあピクニックシートを持って子供たちにお別れを言い（たぶん永遠の別れだから）、何かにつかまって。裏庭にある究極の危ない場所にいまから飛び込むんだから。

いらっしゃい

ブラックホールに近づくと

　ブラックホールに近づいていくと最初に気づくのは、ブラックホールがやっぱり黒い穴（ブラックホール）に見えることだ。確かに黒い。光をまったく放っていないし、当たった光も残らず中に閉じ込めてしまう。だからブラックホールを見ても目には光子が1個も入ってこないので、君の脳はブラックホールを黒いって解釈するんだ。[13]

　そして確かに穴だ。宇宙空間に浮かんだ球体で、その中に入っ

たものは永遠に閉じ込められてしまう。中にものを閉じ込めているのは、もともとその中にあった物質の重力だ。ブラックホールの中では質量がものすごく密集していて、重力の影響がすさまじく大きくなっている。どうして？　質量を持った物体に近づけば近づくほど重力が強くなって、質量が密集していればそこにものすごく近づけるからだ。

　ふつう、重い物体はかなり大きい。たとえば地球を考えてみよう。地球と同じ質量のブラックホールは、さしわたしが約 1 cm（ビー玉くらい）になる。

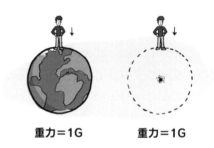

地球の中心から地球の半径と同じ距離にいても、ビー玉サイズのブラックホールから地球の半径と同じ距離にいても、受ける重力の強さは同じだ。

重力＝1G　　　　重力＝1G

　でも中心にもっと近づいていくと、地球とブラックホールでぜんぜん違うことが起こる。地球の中心に近づいていくと、実は重力が感じられなくなってくる。四方八方が地球に取り囲まれて、全方向に同じように引っ張られるからだ。でも小型ブラックホールに近づくと、ものすごい強さの重力を受ける。地球と同じ質量がすぐそばにあって、その全体に引っ張られるからだ。ブラック

13　実を言うとブラックホールも完全に黒いわけじゃない。"ホーキング放射"（あのスティーヴン・ホーキングにちなんだ名前）っていうものすごく弱い放射を放っているけれど、あまりにも弱いから目では見えない。

ホールってそういうもんだ。質量が超密集しているから、すぐそばにある物体にものすごい重力をおよぼすんだ。

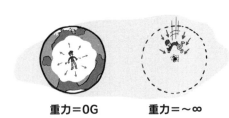

重力＝0G　　　**重力＝～∞**

質量が超密集していると、そのまわりの重力が超強くなる。そしてある距離では空間があまりにもゆがんで（重力はものを引っ張るだけじゃなくて、空間をゆがめるんだったね）、光でさえ逃げ出せなくなる。光が逃げ出せなくなる地点のことを“事象の地平面”っていって、だいたいそれ[14]より内側がブラックホールだって決められている。僕たちがブラックホールって呼んでいる黒い球体の半径のことだ。

　ブラックホールの大きさは、中にどれだけの質量が押し込められているかで違う。地球を押しつぶしていくと、中心から約1cmの距離のところで光が逃げ出せなくなって、ビー玉サイズのブラックホールになる。でももっと質量を増やすとその距離が大きくなる。たとえば太陽を押しつぶすと空間のゆがみがもっと激しくなって、中心から3kmのところに事象の地平面ができ、さしわたし6kmのブラックホールができる。もっと質量を増やせばもっと大きいブラックホールになる。

　それどころか理論上、ブラックホールの大きさに上限はない。

14　「だいたい」って言ったのは、自転しているブラックホールだと少し違ってくるからと、後で話すとおり黒い部分は事象の地平面より少し大きいからだ。

これまでに見つかっている一番小さいブラックホールはさしわたしが約 20 km、一番大きいのは数百 km だ。実際に大きさを決めているのは、そこにブラックホールの材料がどれだけあるかと、ブラックホール作りにどれだけの時間をかけられたかだけだ。

わぁ、ちっちゃくてかわいいブラックホールだなぁ！

ブラックホールに近づいていくと 2 番目に気づくのは、ブラックホールがたいていひとりぼっちじゃないっていうことだ。まわりを何か物質が取り囲んでいて、ブラックホールに落ちているのが見えることもある。もっとちゃんと言うと、まわりをぐるぐる回りながらブラックホールに落とされるのを待っているんだ。それを"降着円盤"っていう。ガスや塵などの物質でできていて、ブラックホールにまっすぐ吸い込まれずに、ぐるぐる旋回しながらだんだん近づいていく。小さいブラックホールだとたいして目立たないけれど、超重いブラックホールだと壮観だ。ものすごいスピードで回転して物質が引きちぎられている。そして大量のエネルギーを放出していて、中には宇宙で一番明るい光を放っているものもある。それをクエーサーっていって、1 つの銀河の全恒星を合わせたより何千倍も明るいこともある。

ラッキーなことに、超重いブラックホールでも全部が全部クエーサー（またはブレーザー、マッチョのクエーサーみたいなもの）になる

すげー

わけじゃない。たいていは物質の量とか条件とかがうまく噛み合わなくて、そこまで見応えのある降着円盤はできない。それはありがたい話だ。クエーサーに近づいたら、ブラックホールがちらっとでも見えてくるずっと前に身体が瞬間蒸発しちゃうんだから。君がいまから飛び込むブラックホールの降着円盤がわりと穏やかで、実際にブラックホールに近づくチャンスがあるといいな。

ズズズ……

ブラックホールもチルタイム

もっと近づくと

　君の落ちていくブラックホールが燃えさかるガスと塵の渦巻く水洗便器じゃなくて、恒星数兆個を足し合わせたよりも大量のエネルギーをまき散らしていないことがわかったとしよう。すると次に心配したくなるのは、重力そのもので死んでしまわないかどうかだ。

　「重力で死ぬ」って聞いたらふつうは、ビルとか飛行機みたいに

高いところから墜落死するのを思い浮かべるよね？　でもその場合、悪いのは重力じゃない。落ちるんじゃなくて地面にぶつかるから死ぬんだ。でもブラックホールのそばだと、実は落ちるだけで死んでしまう。

　重力は君を引きずり込むだけじゃなくて、引き裂こうとする。重力の強さは質量を持った物体からの距離によって違うんだったね。地球上に立っていると頭よりも足のほうが地球に近いから、頭よりも足のほうが重力で強く引っ張られる。ゴムひもの一方の端を反対の端よりも強く引っ張ったら、両方同じ方向に引っ張っていてもゴムひもは伸びるはずだ。ちょうどいま君の身体でも同じことが起こっている。地面に近い部位ほど強い重力を受けて、地球は君の身体をゴムひもみたいに引き伸ばそうとしているんだ。[15]

　もちろん君は自分の身体が引き伸ばされているのなんて感じないだろう。なぜなら、(a) 人間の身体はぐにゃぐにゃだけれどぐにゃぐにゃすぎない（つまりしっかりつながって

いる）から、そして、(b) 頭と足とで重力の強さがそんなに違わないからだ。地球の重力はかなり弱いから、頭と足にかかる重力の強さはほとんど同じだ。

15　本当にこれが当てはまるのは、空中にジャンプしたり自由落下したりしているときだ。地面に立っていると足はそれ以上引っ張られないから、実際には重力は君をぺちゃんこにしようとしている。

　でも重力がもっとずっと強かったらまずいことになる。すごく重い天体に向かって自由落下していると、あまりにも重力が強くて、頭と足にかかる重力の違いが感じられるかもしれない。高さの高いすべり台ほど傾斜がきついのにちょっと似ている。どこかの時点で頭と足とでの重力の違いがすごく大きくなって、君の身体は実際に引き裂かれてしまうかもしれないんだ。

　ここでたいていの科学の本だと、生きたままブラックホールに入るなんて不可能だって片付けてしまう。ブラックホールのまわりの重力はすごく強いから、中に入る前に"スパゲッティ化"（別名"引き裂かれる"）してしまうっていうんだ。でも実は必ずしもそうじゃない。ブラックホールの中に入るのは可能なんだ。

　重力で身体が引き裂かれる地点（"スパゲッティ化地点"って呼ぶことにしよう）と、光でも逃げ出せなくなる地点（ブラックホールの縁）は同じじゃない。実際にはブラックホールの質量によって互いの場所の順番が違ってくるんだ。スパゲッティ化地点までの距離はブラックホールの質量の3乗根に比例するけれど、ブラックホールの縁までの距離は質量そのものに比例するんだ。

　だから小さいブラックホールの場合、スパゲッティ化地点は事象の地平面よりも手前、ブラックホールの縁よりも外側にある。でも大きいブラックホールの場合は、スパゲッティ化地点のほうが奥で、ブラックホールの内側にある。たとえば太陽100万個分の質量のブラックホールは半径が300万kmだけれど、重力で君の身体が引き裂かれるのはもっと奥深く、中心から2万4000kmに来たときだ。それに対して半径30kmのブラックホールだと、縁に来るよりもずっと手前、440kmの距離で引き裂

かれてしまう。

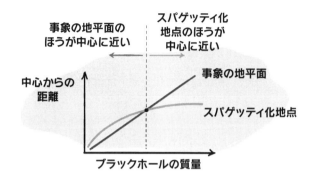

大きいブラックホールよりも小さいブラックホールのほうが近づくのは危険だなんて変な気がするけれど、計算すると確かにそうなる。大きいブラックホールはすごく大きい体積を占めているから、そんなにパワーを出さなくても物質を吸い込んで逃がさないでいられるんだ。

ブラックホールのそばまで来ると

あたりがどんちゃん騒ぎになってもいないし、中に入ってからも引き裂かれないくらいに大きいブラックホールを選んだら、突入準備完了だ。でも気をつけて。ここから奇妙奇天烈なことが起こりはじめるから。

ブラックホールに近づくと2つおもしろいことに気づく。

1つめは、事象の地平面の半径の約3倍の距離で降着円盤が終

わっていて、ブラックホールのすぐまわりがほとんど空っぽになっていることだ。それは、物質がこの地点よりも近づくとあっという間に落ちてしまうからだ。この地点から先ではほとんどの物質が逃げ出せないか ら、もうブラックホールに入ったも同然 だ。考えなおして引き返すんだったら、この節を読みはじめるずっと前にＵターンしていないといけなかった。

　ここまで近づいて気づく2つめのことは、あたりの空間がとてつもなくゆがんでいることだ。この地点では重力がものすごく強くて、光の進み方もはっきり目に見えるようにゆがんでいる。まるでレンズの中を泳いでいるみたいだ。ブラックホールのまわりの空間はすごくゆがんでいて、光はもう直線では進まないんだ。

　さらに中に入っていくとどんなやばいことが起こるんだろう？

ブラックホールの影[16]

　ブラックホールの半径の約2.5倍の距離まで来ると、ブラックホールの"影"って呼ばれる領域に突入する。ブラックホールに目を向けると必ず見える真っ黒の円だ。

16　別名「君が書きたいと思っているSFにぴったりのタイトル」

　ブラックホールがその本体よりも大きい影を落とすのは、事象の地平面の内側に入った光子を捕まえてしまうだけじゃなくて、近くに飛んできた光子の進む道筋も曲げてしまうからだ。君に向かってやって来た光がブラックホールからある距離以内に入ると、重力のくぼみにはまってやがて中に落ちてしまう。だから君にはその光は見えないんだ。

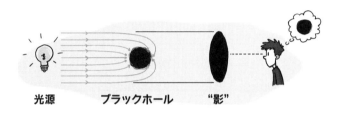

光源　　　　ブラックホール　　　　"影"

　ブラックホールに近づくにつれて、この影はどんどん大きく見えてくる。君の眼球に入ってくるはずだった光がどんどんブラックホールに捕まっていくから、君の視界はほとんどブラックホールに覆われてしまう。

　友達に写真を撮ってもらうとしたらまさにいまだ。真っ黒な背景に君の姿が浮かび上がるから、ブラックホールの中に入ったみたいな写真になる。でもまだ先は長い。

光の無限サークル[17]

ブラックホールの半径の約 1.5 倍のところまで来ると、また一

17　別名「君が立ち上げようとしているニューエイジカルト団体にぴったりの名前」

つおもしろいことが起こる。この距離では光がブラックホールのまわりをまん丸な円を描いて周回するんだ。重い天体のまわりを惑星や衛星が公転するのと同じように、光がブラックホールのまわりを公転するんだ。でも驚くことに、光は質量を持っていない。だから純粋に空間のゆがみのせいでぐるぐる回っていることになる。円軌道を描く光子は永遠にブラックホールのまわりを回りつづけるはずだけれど、そこからちょっと外れただけでブラックホールに落ちていくか、または外側に飛んでいってしまう。

　ブラックホールに向かう途中でこの地点を越えたとき、一つおもしろいことがある。光がまん丸な円を描くから、ブラックホールと直角の方向を見ると自分の後頭部が見えるんだ。自分の後ろ姿がどんなふうか知りたければいまがチャンスだ。

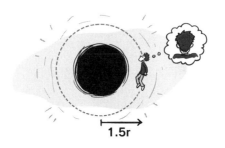

1.5r

ベッカムみたいにシュートを曲げたい[18]

　ブラックホールの半径の1.5倍よりも内側に来ると、光でさえ無事にブラックホールのまわりを周回できなくなる。君が逃げ出せるチャンスはほとんどなくなって、文字どおりの意味でも、た

18　別名……あ、もう映画のタイトルになってた（邦題『ベッカムに恋して』）。

とえとしても、あらゆる道案内がブラックホールの方向を指し示している。

　ここまで来るとブラックホールの影にほぼ完全に取り囲まれて、外の宇宙が見えている部分はいまにもなくなりそうだ。後ろを振り返ると、外の宇宙の光景がどんどん縮まっているのが見える。

　この外の宇宙の光景が不思議なのは、ブラックホールの向こう側にある天体も含めて宇宙全体が収まっていることだ。空間がものすごくゆがんでいるから、宇宙のどの方向から来た光もブラックホール

のまわりを何回も回って、君の側頭部や後頭部にぶつかってくるんだ。しかもこの宇宙全体の超魚眼画像では、縁のほうに同じ宇宙の光景がいくつもいくつも重なって見える。

　ブラックホールの中心に近づくにつれて、外の宇宙に開いたこの窓はどんどん小さくなっていって、ブラックホールの姿が四方八方を埋め尽くしていく。

　そしてついに、……君は事象の地平面を越える。

友達にはどんなふうに見える？

　ここでちょっと立ち止まって、君の友達にはここまでの出来事がどういうふうに見えたのか考えてみよう。その友達はブラック

ホールに飛び込むだなんてとんでもないと思って、当然あとに残った。すごく力になってはくれるんだけれどね。じゃあその友達には、君が未知の世界に堂々と飛び込む様子がどんなふうに見えるんだろう？

実は絶対に見えないんだ。ブラックホールが真っ暗だから見えないんじゃなくて、友達にとってはそのこと自体が起こらないからだ。

重力は空間だけじゃなくて時間もゆがめるんだったね。ブラックホールは重力がすごく強いから、時間をとてつもなくゆがめてしまうんだ。

超高速だと時間がゆっくり流れることを知っている人は多いよね？　たとえば宇宙船に乗り込んで、光の速さに近いスピードでかっ飛ばして地球に戻ってくると、君にとって時間はゆっくり流れて、知り合いはみんな君よりも年を取る。でも時間の流れ方を変えてしまうのはスピードだけじゃなくて、ブラックホールみたいに超重い天体のそばでもそうなる。空間がゆがむだけじゃなくて、時間の流れ方もゆっくりになるんだ。

君がブラックホールの近くに飛び込むと、友達の目には、君にとっての時間の流れがゆっくりになったみたいに見える。君が超ーースローーモーーショーーンで落ちていくように見えるんだ。君がどんどんブラックホールに近づいていくのは見えるけれど、そのぶん近づき方がどんどんゆっくりになっていくんだ。

　しかもブラックホールに近づけば近づくほど、君の時計はどんどんゆっくり進むようになる。そしてある時点であまりにもゆっくりになって、友達にとっては君がフリーズしてしまったみたいに見える。大の親友でも、いつかはあきらめて普段の生活に戻ってしまうだろう。友達に見える君の最後の姿は赤くてぼんやりしている。重力のせいで光子の波長も引き伸ばされて、赤外線になってしまうからだ。

　宇宙の終わりまで待ったとしても、君がブラックホールの中に入るのを目撃するのは無理。絶対に起こらないからだ。外から見ると君の時間はフリーズし、君の姿はブラックホールの表面全体に引き伸ばされてそこに永遠に刻みつけられる。君が完全にブラックホールに入るのを目撃するまでには、無限の時間がかかるんだ。その間に、恒星系や銀河が次々に生まれては死んでいく。何兆年待っても、君がブラックホールの境界を越える様子は絶対に見られないんだ。

　友達にすごいところを見せたかったら、ブラックホールに飛び込むのはやめたほうがいい。

ブラックホールに突入

　もちろんそれは友達にどう見えるかだけの話。君にとったらまだ絶叫ジェットコースターだ。

　君にとっては時間はふつうに流れたままだから、君にとってブラックホールへの旅はふつうのスピードで進んでいく。そして実際にブラックホールの中に突入する。外の宇宙からだと絶対起こらないように見えるっていうだけだ。

　じゃあ、ついに事象の地平面を越えると何が起こるんだろう？たいしたことは起こらないって物理学者は考えている。

　最後の敷居をまたぐと外側の宇宙の光景がちっぽけな点になるまで縮んで、あたり一面真っ暗になる。見える光は、君の真後ろにある、宇宙全体の光景を収めたその点だけだ。すごいじゃないか。でも理論によると、事象の地平面のところには実際何もない。壁とか塀とか、フォースフィールドとか紙吹雪とか、銀河警備員の駐在するゲートとかなんてどこにもない。ただ戻れなくなる地点だっていうだけだ。

　ブラックホールの中では空間がすさまじくゆがんでいて、外に出る道は一本もない。君がどんなに速く動いても、時空の中を一方向にしか進めない。ブラックホールの外側だと、一方向にしか

進めないのは時間だけだ（前向き）。でも事象の地平面の内側では、空間についても一方向にしか進めない（内向き）。ブラックホールの中だと、どんな軌道をたどってもどんどん奥深くに行ってしまうんだ。

　君にとってこの変化は突然じゃなくて徐々に起こる。事象の地平面に近づいていくと、君の進める経路がだんだんゆがんでいく。ブラックホールから出られる経路はどんどん少なくなっていく。そして事象の地平面に来ると、進める経路が全部内側に向いてしまうんだ。

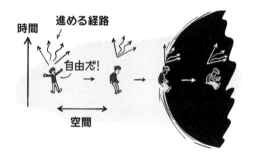

　一つはっきりしていることがある。もう絶対逃げられないんだ。逃げ出そうとしてもうまくいかないだけじゃない。逃げようとしてじたばたすると、ブラックホールの中心に向かってもっと速く落ちてしまうだけなんだ。

中はどうなってるの？

　君はこうしてブラックホールの中に突入した。じゃあ中はどうなっているんだろう？

　正直言って誰にもわからない。それどころか絶対にわからないかもしれないんだ。

　ブラックホールの中で思考できるかどうかすらわからない。僕たちの身体は、血液や神経信号やイオンがいろんな方向に流れていないと働かない。もしも君の神経信号や血液がブラックホールの中心に向かってしか流れなかったら、君は意識を失うどころか生きていられないんじゃないだろうか。

　でももっと根本的な問題は、事象の地平面の向こう側で空間と時間がどうなっているのかが本当はわかっていないことだ。なんとなくはわかっている。ブラックホールの外で起こることについては、いまのところほとんど全部、一般相対性理論が正しい（ブラックホールの存在も予想できる）。でも、一般相対性理論がこの宇宙のしくみについての究極の理論じゃないこともわかっている。

　たとえば、量子力学を無視できない超ミクロレベルでは成り立たなくなることがわかっている。っていうことは、ブラックホールの中でも成り立たなくなるんだろうか？　たぶんそうだけれど、どのくらい成り立たないのか、成り立たなくなるのはブラックホールの中心ただ一点だけなのか、それはよくわかっていないんだ。

　ブラックホールの内部でも一般相対性理論がほぼ成り立つとしたら、次に起こることはたいしてエキサイティングじゃない。一般相対性理論によると、重力が強くなりつづけてブラックホール

の中心にどんどん速く落ちていくだけだ。天の川銀河の中心にあるようなブラックホールだと、20秒くらいで中心に到達してしまう。もちろんその途中でスパゲッティ化地点（覚えているかい？）に来てほぼ間違いなくバラバラになってしまうから、中心までたどり着くのは絶対に無理だけれど。

　でももしも、事象の地平面の内側で起こることに一般相対性理論が当てはまらなかったとしたら、何が起こるのか想像が膨らむばかりだ。実は中に入ると、こんなすごいことが待ち受けているかもしれないんだ。

別の宇宙

　ブラックホールの中には別の宇宙が丸ごと入っているかもしれないって考えている物理学者もいる。ブラックホールに入ったら、新しく誕生した赤ちゃん宇宙に飛び出していくかもしれないんだ。

ワームホール

　別の理論によると、ブラックホールの内側はワームホール（時空に開いたトンネルみたいなもの）につながっていて、この宇宙の別の場所（そして時間）に行けるという。ワームホールの反対側はどうなっているんだろう？　ブラックホールと正反対の振る舞いをする天体、"ホワイトホール"から吐き出されるんじゃないかって考えられている。ブラックホールが入れるだけで絶対に出てこられない場所だとしたら、ホワイトホールは出てはこられるけれど絶対に入れない場所っていうことになる。空間がゆがんでいて、どんな方向に進んでも必ず外に出てしまうような空間領域ってい

うことだ。そこで当然、「ホワイトホールから出てくるものはどこから入ってきたんだろう」って思うかもしれない。それはブラックホールからワームホールを通って入ってきたんだ。

ブラックホールの中にあるかもしれないもの

死　　　別の宇宙　　　ワームホール　**アインシュタインと
シュレディンガーが
くつろいでいる**

　どっちにしても、少なくともこの宇宙から見れば君の旅はこれで終わりだ。ブラックホールに入ったら二度と出てこられないのはほぼ間違いない。君は壮絶な死を迎えるんだろうか？　量子力学と一般相対性理論の謎を解き明かすんだろうか？　まったく新しい宇宙を見つけるんだろうか？　そのとてつもない秘密を知るのは君だけ。

　ただ一つだけ問題がある。それを誰にも伝えられないんだ。

6
どうしてテレポーテーション
できないの？

よく考えてみて。移動が好きだなんて人は一人もいない。

　海外にバカンスに行くにしても、毎日の通勤にしても、移動すること自体は誰も好きじゃない。旅が好きだって言う人は、きっと到着するのが好きなんだろう。どこかに行くのは本当に楽しいんだから。新しいものを見たり、新しい人と出会ったり、会社に早く着いて早く帰って物理の本を読んだりできる。

　でも実際の移動はたいていうんざりだ。準備して、走って、待って、また走る。「旅は途中が楽しいんだ」なんて言う人は、きっと毎日渋滞に巻き込まれたり、長距離フライトで3列シートの真ん中に座ったりしたことが一度もないんだろう。

　もっと簡単にいろんな場所に行けたらいいよね？　途中どこも通らずに、行きたい場所にパッと行けたらいいよね？

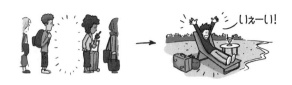

　テレポーテーションは100年以上前からSFの定番のテーマだ。目を閉じたりマシンに飛び乗ったりすると、行きたい場所に瞬時に行ける。みんなの夢だよね？　移動時間を節約できるんだ。飛行機に14時間も乗ってからじゃなくて、いますぐバカンスを始められるんだ。別の惑星にも簡単に行ける。移動に何十年もかけずに、一番近い居住可能惑星（4光年先のプロキシマ・ケンタウリb）に開拓者を送り届けられたとしたらどうだろう？

　でもテレポーテーションなんて可能なの？　もし可能だとしたら、どうして実現にこんなに長い年月がかかっているの？　開発に何百年もかかるの？　それとももうすぐスマホのアプリになるの？　じゃあ光線銃の準備をして。いまからテレポーテーションの物理学に転送してあげるから。

テレポーテーションの方法

　ここにいる次の瞬間にぜんぜん別の場所に行くのを夢見ているんだったら、残念だけれどそれは不可能だって即答できる。物理学では、瞬時に起こる出来事についてすごく厳しいルールがある。どんな出来事（結果）にも必ず原因がないといけなくて、それには情報が伝わらないといけないんだ。考えてみてほしい。2つの出来事が互いに因果関係でつながるためには（たとえば君がここから姿を消してどこか別の場所に出現するとか）、何かの方法で互いに話をつけないといけない。そしてこの宇宙では、情報も含めてどんなものにだって制限速度がある。

　情報も物体と同じように空間の中を伝わるしかなくて、この宇宙で一番速いスピードは光の速さだ。光の速さは"情報の速さ"とか"宇宙の制限速度"って呼んだほうがいいくらいだ。相対性理論と、物理学の大前提である因果関係には、その制限速度がしっかり刻み込まれている。

　重力ですら光よりも速く伝わることはできない。地球はちょうどいま太陽のある場所から重力を受けているわけじゃない。8分前に太陽のあった場所から重力を受けているんだ。太陽と地球のあいだの1億5000万kmを情報が伝わるのにはそれだけの時間がかかってしまう。もしも太陽が突然姿を消しても（テレポーテーションでバカンスに行ってしまった）、地球は8分間ふつうに軌道を回ってからようやく太陽がなくなったのに気づくんだ。

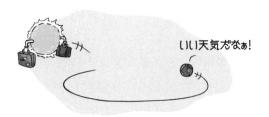

いい天気だなぁ!

　だから、君がある場所から姿を消して瞬間的に別の場所に現れるなんて、とうていお話にもならない。あいだに何か起こるしかないし、その何かは光より速くは伝われないんだ。

　でも"テレポーテーション"っていう言葉の定義についてそこまで小うるさい人なんてそう多くないだろう。「ほぼ瞬間的に」とか、「まばたきしているあいだに」とか、「物理法則で許される限り最速に」とかでもかまわない人がほとんどじゃないの？　そうだとしたら、テレポーテーションを実現させる方法が2つある。

1. 光の速さで君を転送する。

2. いま君のいる場所と行きたい場所のあいだの距離をなんとかして縮める。

　2つめの方法はいわゆる"ポータル"タイプのテレポーテーションだ。映画だと、扉を開くとワームホールか何か別次元の空間につながっていて、そこを通り抜けるとどこか別のところに行ける。ワームホールは遠く離れた地点どうしをつなぐ仮想上のトン

ネルだ。また物理学者は、僕たちの知っている３つの次元以外
にも次元があるって考えている。

　残念なことにどっちもまだほとんど想像の産物でしかない。実
際にワームホールなんて見たこともないし、ワームホールを開い
たり行き先を好きに決めたりする方法なんて見当もつかない。別
次元も人が入っていけるような場所じゃない。素粒子がのたうち
回れる方向がいくつもあるっていうだけだ。

　１つめの方法のほうがずっとおもしろい話になる。実は近いう
ちに実現可能になるかもしれないんだ。

光の速さで向かう

　瞬間的に別の場所に現れたり、空間を近道したりすることはで
きないとしても、少なくとも最高速度でどこかに行くことはでき
ないの？　秒速３億ｍっていう宇宙の最高速度を出せれば、通
勤時間も１秒以内に短縮できるし、星々にも数十年や数千年じ
ゃなくて数年で行けるだろう。光の速さでテレポーテーションで
きただけでもすごいじゃないか。

　そのためには、君の身体を目的地めがけて光の速さで押し出すようなマシンさえあればいいんじゃないの？　残念なことにそのアイデアには大問題がある。君の身体が重すぎるんだ。あまりにも重すぎて光の速さで移動するのは絶対に無理だ。第1に、君の身体の全粒子（ひとまとまりのままでもバラバラでも）を光の速さに近いスピードに加速するだけでも、ものすごい時間とエネルギーが必要だ。第2に、光の速さに到達するのは絶対に不可能だ。どんなにダイエットしたりジムに通ったりしても関係ない。質量のある物体を光の速さで飛ばすことは絶対にできないんだ。

　君の身体を作る原子の部品、つまり電子やクォークなどの素粒子は、質量を持っている。だから動かすためにはエネルギーが要る。速く動かすためには大量に必要で、光の速さまで加速するためには無限の量が必要だ。超高速で飛ぶことはできても、光の速さに到達するのは絶対に不可能なんだ。

　だから、いま君の身体を作っている分子や素粒子を実際にテレポーテーションさせることは絶対にできない。瞬間的にも不可能だし、光の速さでも不可能だ。光の速さで君の身体がどこかに転送されるなんてありえない。君の身体の全粒子を光の速さで動かすなんて不可能だからだ。

　じゃあテレポーテーションも不可能なの？　そんなことはないんだ！

　一つだけ方法が残っている。ただしそのためには、"君"っていうのが誰なのかを広い心でとらえないといけない。君の身体、分子、素粒子を転送するんじゃなくて、君っていう概念だけを転送したらどうだろう？

君は情報だ

　光の速さでテレポーテーションする１つの方法は、君の身体をスキャンして光子のビームとして送信することだ。光子は質量がないから、宇宙の最高速度で飛んでいける。それどころか光子は光の速さでしか飛べない（ゆっくり動く光子なんてものはどこにもない）。[19]

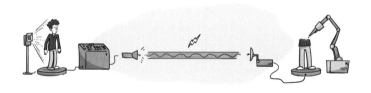

　光速テレポーテーションの基本的な手順は次のとおり。

19　ただし真空中での話。

ステップ１：君の身体をスキャンして、すべての分子や素粒子がどこにあるかを記録する。

ステップ２：その情報を光子のビームとして目的地に送信する。

ステップ３：その情報を受け取り、新たな素粒子を使って君の身体を再び作る。

そんなことできるの？　スキャン技術も 3D プリンターも信じられないほど進歩している。いまでは MRI で君の身体を0.1 mm の解像度でスキャンできる。脳細胞１個くらいのサイズだ。また、がん治療薬の試験のために 3D プリンターで生きた細胞の塊（"オルガノイド"っていう）が作られていて、しかもどんどん複雑なものが作れるようになっている。原子一個一個をつかんで動かせるマシンも作られている（走査型トンネル顕微鏡を使う）。だから、いつか身体全体をスキャンして 3D プリントすることもできるようになるかもしれない。

でも最大のハードルは、技術的な問題じゃなくて哲学的な問題だろう。君のコピーを作ったとして、それは本当の君なんだろうか？

イミタトゥス・エルゴ・スム?*

*我コピー、ゆえに我あり？

　いま君の身体を作っている素粒子は、別に特別なものでも何でもない。同じ種類の素粒子は全部同じだ。電子はどれも完璧に同じだし、クォークもそうだ。宇宙工場から個性とか別々の特徴とかを持って作られてくるわけじゃない。2個の電子や2個のクォークの違いは、どこにあるかと、どんな素粒子とつるんでいるかだけなんだ。[20]

　でも君のコピーはいったいどこまで君なんだろう？　それは2つのことにかかっている。1つめはスキャンとプリントの解像度。細胞を読み取ってプリントすることはできる？　分子は？　原子、さらに一個一個の素粒子は？

　もっと大きな疑問は、君の"君らしさ"がどこまで細かいところにかかっているかだ。コピーを"君"とみなすためには、どんなレベルの細かさまで極めないといけないんだろう？　実はまだ答えは出ていなくて、それは君の自意識がどれだけ量子的なのかによるらしい。

君の量子的コピー

　君そっくりのコピーを作るためには、どれだけの量の情報を記録しないといけないんだろう？　身体の中にあるすべての細胞の

20　電子は実は、空間を満たす量子場の中で集まったエネルギーの塊でしかない。電子が動くっていうのは、古い場所の量子場が静かになって新しい場所の量子場がザワザワし出すっていうことだ。だから量子レベルで言うと、素粒子の運動は全部テレポーテーションとみなすことができるんだ！

場所とタイプ、つながり方がわかれば十分なの？　全分子の位置と向きもわからないといけないの？　それとももっと深入りして、全素粒子の量子状態も記録しないといけないの？

　身体の中の素粒子はそれぞれ、ある量子状態を取っている。量子状態を見ると、その素粒子がどこにいそうか、何をしていそうか、ほかの素粒子とどんなふうに関係していそうかがわかる。でも何をしていそうかしかわからないから、どうしてもある程度の不確かさがある。その量子的な不確かさは、君を"君"にしている大事な要素なんだろうか？　それともそんなちっぽけなレベルのことは、記憶や反応のしかたみたいな大事な事柄には影響しないんだろうか？

　ちょっと考えた限り、一個一個の素粒子の量子状態が違っていても、君が君かどうかは変わらないんじゃないの？　たとえば君の記憶や反応を記録しているニューロンや神経連結は、素粒子に比べるとものすごく大きい。そのスケールだと、量子のゆらぎとか不確かさとかはほとんど均されてしまう。身体の中にある何個かの素粒子の量子状態がちょっと変わったところで、違いがわかるもんなの？

　こんな問題についてくどくど語るのは、物理じゃなくて哲学の本のほうがいいのかもしれない。とはいえありえる答えをいくつか考えてみよう。

君はそんなに量子的じゃなかったとしたら？

　君の素粒子の量子状態が、君が君であるのに何も役割を果たしていなかったとしたら？　細胞や分子の並び方を再現しさえすれ

ば、君と同じように考えて行動するコピーを作れるとしたら？
そうだとしたら次のバカンスにとってはグッドニュースだ。テレ
ポーテーションがずっとずっと簡単になるんだから。身体の各部
分の位置を記録して、別の場所でそれとまったく同じように組み
合わせるだけで済んでしまうんだ。ちょうど、レゴで作った家を
バラバラにして組み立て方を書き留め、その組み立て方を別の人
に送って組み立ててもらうみたいなもんだ。現代の技術だったら
いつかは達成できるんじゃないの？

　もちろんそれは君の完璧なコピーではないから、転送中に何か
が失われるんじゃないかって心配になるかもしれない。画像を
RAW データのままじゃなくて JPEG に変換して送るみたいなも
んじゃないの？　縁がちょっとぼやけたり、君とは少しだけ違う
感じになったりはしないの？　どこまで忠実なコピーなら耐えら
れるかは、最短時間で隣の恒星系に行きたい気持ちがどれだけ強
いかによる。

君は完全に量子的だったとしたら？

　でももしも君の君らしさが量子的な情報で決まっているとした
ら？　君が君である秘訣、つまり君を君たらしめているのが、君
の身体の全素粒子の量子的不確かさだったとしたら？　オカルト

めいた話に聞こえるかもしれない。でもテレポーテーションマシンの反対側から本当に君と完璧に同じコピーを出したいんだったら、量子レベルまでとことん突き詰めないといけない。

これが君の量子の魂だ！

　でも困ったことに、そうするとテレポーテーションはもっとずっと難しくなってしまう。量子っていうだけでも難しいのに、量子的情報をコピーするってなるとますます難しくなってしまうんだ。

　というのも、物理的に見ると1個の素粒子についていっぺんになんでもかんでも知るのは厳密には不可能だからだ。ハイゼンベルクの不確定性原理のせいで、素粒子の位置をすごく精確に測定すると速度がわからなくなって、逆に速度を精確に測定すると位置がわからなくなってしまう。しかもただわからないっていうだけじゃない。もっと深刻で、位置についての情報と速度についての情報は同時には存在しないんだ！　すべての粒子がもともと不確かさを持っているんだ。

　1個の素粒子について知ることができるのは、ここことかそことかにある確率だけだ。なら、オリジナルと同じ確率を持った量子のコピーを作るためにはどうしたらいいんだろう？

量子のコピーを作る

　1個の粒子の量子コピーを作るっていう問題を考えていこう。いまの君自身と完璧に同じコピーを作る光速テレポーテーションマシンにこだわるんだったら、それしか道はない。

　量子レベルまで同じコピーを作るためには、素粒子の量子状態をコピーしないといけない。素粒子の量子状態には、位置や速度や量子スピンなど、あらゆる量子的状態についての不確かさも含まれている。それは1つの数では表せなくて、いくつもの確率の組み合わせになっている。

　ただ困ったことに、1個の素粒子から量子的情報を取り出すためには、その粒子に何かの方法で探りを入れないといけないけれど、でもそうするとその素粒子がかき乱されてしまう。たとえ見るだけでも、光子をぶつけないといけない。電子に光子をぶつければその電子の量子状態がわかるかもしれないけれど、同時にその量子状態はぐちゃぐちゃになってしまう。工夫が足りないからだとか、やり方が乱暴だからとかじゃない。"ノークローニング定理"のせいで、オリジナルを壊さずに量子的情報を読み取るのは絶対に不可能なんだ。

しまった、
猫を殺しちゃった

見ることも触ることもできないものをコピーするなんて、どうしたらできるの？ 簡単じゃないけれど、"量子もつれ"を使う方法が1つある。量子もつれっていうのは、2個の素粒子の確率がリンクしあっているっていう不思議な量子的効果のことだ。たとえば相互作用しあった2個の素粒子があって、それぞれのスピンの向きはわからないけれど、互いに反対向きであるのはわかっている場合、その2個の素粒子はもつれあっている。一方の素粒子のスピンが上向きだったら、もう一方は必ず下向き。一方が下向きだったらもう一方は上向きだ。

2個の素粒子を用意してもつれあわせ、それをFAX回線の両端みたいにして使うと、量子テレポーテーションを実現できる。たとえば電子を2個持ってきてもつれあわせ、一方をプロキシマ・ケンタウリに送り届ける。そしてもつれあった状態のまま装置にセットすれば、コピーの準備完了だ。

ここから先はちょっと込み入っている。でも簡単に言うと、地球に残した電子を使ってコピーしたい素粒子に探りを入れる。そしてその相互作用から得られた情報を使えば、プロキシマ・ケンタウリにある電子をお望みの正確な量子コピーに変えることができるんだ。

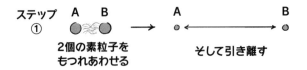

ステップ①　A　B　　　　A　　　　　　　B
2個の素粒子を
もつれあわせる　　　　そして引き離す

ステップ
②

引き離した一方の素粒子と
コピーしたい素粒子をもつれあわせる

ステップ
③

その量子状態を
壊れないようにちらっと覗く

ステップ
④

見えたことを向こう側に
いる人に知らせる

ステップ
⑤

その情報を使うと、2個目の素粒子を
量子コピーに変えることができる

　すごいことに、1 個の素粒子とか、素粒子の小さな塊とかだと
もう実現している[21]。いまのところ、1400km 離れた場所で量子コ
ピーを作ったのが最長記録だ。プロキシマ・ケンタウリには届か
ないけれど、まだまだこれからだ。

　この量子コピーマシンを素粒子数個分よりもスケールアップす
るのはそう簡単じゃないだろう。君の身体の中には 10^{26} 個も素
粒子があるから、すごく複雑になってしまうし、超高速でやって
いかないといけない。でも確かに可能ではある。

　でも、量子的に再構成したその人間は本当の君なんだろうか？
その人間は可能な限り一番忠実な君のコピーだろう。それが君じ
ゃないとしたら、いったい誰が君だって言うんだい？

君がたくさん

　テレポーテーションについて考えていて一番厄介なのは、君の
コピーがたくさんできてしまうことだろう。量子的情報をコピー
しないおおざっぱなテレポーテーションマシンであれば、君のク
ローンをどんどん作っていくこともできるかもしれない。君の身
体をスキャンしてその情報をプロキシマ・ケンタウリに送り、そ
こからロス 128b（近くにあるもう一つの居住可能惑星）に送り、そ
こからさらにたくさんの惑星に送る。またはここ地球上でコピーを

21　確かにすごいけれど、量子テレポーテーションでも光より速く転送することはできない。見え
たことをふつうの通信で伝えないといけなくて、それは光の速さを超えられないからだ。

プリントしはじめてもかまわない。オリジナルと正確に同じじゃないかもしれないけれど、ある程度似ているだけでも、道徳的とか倫理的にいろんな問題が出てくるだろう。

でも量子コピーバージョンのテレポーテーションマシンには、ありがたいことに一つ長所がある。量子的情報をコピーするのに使ったのと同じ量子論の原理によると、コピーし終わったオリジナルのコピーは必ず破壊されてしまうんだ。どんなテクノロジーを使っても、スキャンするときにどうしても量子的情報がぐちゃぐちゃになってオリジナルが壊れてしまう。だから残るのは送ったコピーだけだ。

転送完了

まとめると、まばたきしているあいだに自分自身をどこかにテレポーテーションさせるのはきっと可能だ。光の速さでしか転送できなくてもかまわなくて、再構成したバージョンの君が本当の君って受け入れられるんなら、テレポーテーションはいずれ実現するかもしれないんだ。

おっと、一つ大事なことを忘れていた。この章で説明した方法

でどこかにテレポーテーションするためには、君の信号を受信して君を再構成するマシンを目的地に置いておかないといけない。だからいつか君が別の惑星に転送されたいんだったら、前もって誰かが昔ながらの方法でそこまで行かないといけない。はるばる移動してね。

誰か行ってくれないかなぁ。

7
どこかに
もう一つの地球があるの？

バックアップは大事。

仕事中にズボンにコーヒーをこぼしたって？　机の引き出しにしまってあった代わりのズボンを出せばいいじゃないか。寝ようとしたら子供がお気に入りのぬいぐるみをなくしたって？この前 IKEA で同じのを 5 つ買っておいたじゃないか。

ちょっと待って、
ココちゃんはこんな匂い
じゃないわ

えーと

このしっちゃかめっちゃかな宇宙で生きていたらいろいろ思いがけないことが起こるんだから、大事なものはスペアがあったほうがいい。大事であればあるほど、せっせとバックアップを取っておいたほうがいいよね？　だから何人ものリスナーが、どこかに地球のバックアップがないのかって質問してくるのも当然だ。万が一のためにね。

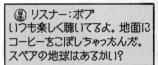

リスナー：ボブ
いつも楽しく聴いてるよ。地面に
コーヒーをこぼしちゃったんだ。
スペアの地球はあるかい？

　もちろんコーヒーをこぼしたからって、全文明を別の惑星に移住させる必要なんてない。でも言いたいことはわかる。どうしても新しい住処に移るしかないような事態はいくらでも考えられるんだ。

　たとえば、巨大小惑星が地球にまっすぐ近づいてくるのがわかったら？　ロボット掃除機が僕たちの世話にうんざりして、人類を追い出すって決めたら？　近くで超新星が爆発して地球に致死量の放射線が降りそそぎ、人類が絶滅しそうになったら？　住処になる別の惑星があったら絶対いい。そうじゃないと、卵を全部同じ籠に入れておくみたいなもんだ。

やばっ

　でも第2のお家を見つけるなんてそう簡単なことなんだろうか？　地球はまぐれ当たりだったんだろうか？　それとも住み心地のいい惑星は宇宙のあちこちにたくさんあるんだろうか？

　世界中のお金をかき集めて究極の家探しをするつもりになって

みよう。

宇宙のご近所

　机の中に予備のズボンをしまっている人だったら（みんなそうしてるよね？）、なんで机の中にしたのかわかっているはずだ。スペアは必要になったときに近くにあってほしいからだ。それと同じように、僕たちの暮らせる別の惑星がここ太陽系の中にあったらいいよね？　地球に何か起こったら、何百年もかかる宇宙旅行の準備をしなくても新しい家にパッと行けるから、いろいろ面倒なことをしなくていい。

　でも残念なことに、太陽系の中にはいい物件はあんまりない。

　まずは一番近い金星を見てみよう。金星はちょっとなしだ。金星表面の温度は400℃を超えるし、大気圧は地球の90倍。つまり金星は災害時のバックアップにはふさわしくない。

本当にあんなとこに
引っ越すつもりなの？

　次に地球に近いのは火星だ。火星はきれいだし、かすんだ日のアリゾナの砂漠にもちょっと似ている。でも火星も僕たちが暮らすのにはあんまり適していない。昔は地球と同じように火星全体を磁場が取り囲んでいたけれど、途中でなくなってしまったって

考えられている。理由はよくわからないけれど、たぶん中心核が冷えて固まってしまったからだろう。気づいている人はあんまりいないけれど、磁場っていうのはすごく大事だ。太陽からやって来る危険な太陽風から僕たちを守ってくれるフォースフィールドなんだ。磁場がなかったら致死量の放射線を浴びるだけじゃなくて、大気が吹き飛ばされてしまう。大問題だ。大気がなかったら熱を閉じ込めておくことができなくて、ものすごく寒くなってしまう。火星は地球がたどったかもしれないもう一つの最悪のシナリオだ。

この2つの惑星より遠くを見渡してもいいことはない。金星の向こうにある水星はすごくまずい。太陽からたった5700万kmしか離れていなくて、しかもほとんど自転していないから、一方の面はいつもカリカリに焦げていて、もう一方の面はいつもカチコチに凍りついている。アイスクリームの天ぷらみたいなもんだ。デザートにはいいかもしれないけれど、数十億人の宇宙難民が住むのにはあんまり適していない。

ダメダメ!
回して回して!

太陽より遠いほうに目を向けてもたいしていい物件は見つからない。火星よりも遠くの惑星は、暗すぎるか、ガスだらけか、氷だらけだ。

木星と土星はガスでできた巨大なボールみたいなもんだ。大気

はほとんど水素とヘリウムだけでできていて、たとえその中で生きられたとしても、立てる場所なんてどこにもない。固体の中心核は奥深くにあって、ものすごい圧力を受けている。そしてほとんど金属水素でできている。

　太陽から一番遠い天王星と海王星も楽に住める場所じゃない。氷の巨大なボールみたいなもので、そのまま"巨大氷惑星"って呼ばれている。どっちかに移住するのは、南極に夏の別荘を建てるのと同じくらい無茶だ。

　天王星と海王星よりも遠くにある小天体の軌道には不思議なパターンがあって、どこかにもう一つ惑星が潜んでいるかもしれないって考えている科学者もいる。その惑星は"プラネットX"って呼ばれている。でもたとえ惑星として実際に存在していても（ダークマターの塊とか、ビッグバンの名残のブラックホールだって考えている科学者もいる）、やっぱり寒すぎるだろう。

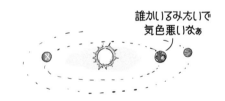

誰かいるみたいで
気色悪いなぁ

　太陽系の中にある衛星はどうだろう？　ちょうどいい大きさで僕たちが暮らせるような衛星はあるんだろうか？　木星と土星はすごく大きくて、その衛星の中には水星と同じくらいのサイズのものもある。でも残念なことにそのほとんどは凍りついている。木星の衛星イオだけには熱い火山がある。でもイオの表面では、

凍りついた場所（-130℃）と燃えさかる火山（1600℃）のどっちかを選ぶしかない。ちょうどいい中間の温度の場所はないんだ。

　こうして第2のお家探しをしてきたけれど、ここ太陽系の中にはいい物件はないみたい。同じ街の中でベストな家を探すのは無理そうだ。そこで太陽系の外の宇宙に目を向けて、ご近所の惑星よりも遠くを探したほうがいい。

太陽系以外の惑星

　太陽系の外にも惑星はたくさんあるの？　惑星を持っているのは僕たちの太陽だけなの？　それは長いあいだわかっていなかった。プラトンからニュートンやガリレオ、アインシュタインやファインマンまで歴史上の偉大な思索家たちが、星空を見上げてはこの答えを知りたいと思った。でもみんな答えを知らないままこの世を去った。その答えが確実にわかったのはいまから約20年前のことだ。

　僕たちがどんなにラッキーなのかちょっと考えてみてほしい。宇宙に何があるかが本当にわかってきたちょうどこの時代に、僕たちは生きているんだ。いまでは、ほかの恒星のまわりを回る惑星を見つけたり実際に観察したりする方法が開発されていて、この昔ながらの疑問の答えがわかっている。あちこちに惑星がた・く・さ・んあるんだ。すごくたくさんね。

　何千年ものあいだ、惑星はたった1つしかないって考えられていた。この地球だ。ほかにも惑星があるかもしれないって考え

られるようになったのは、かなり経ってからのことだった。そうした考え方について初めて書き記したのは古代バビロニア人。彼らは木星までの6つの惑星が存在することを知っていて、いまから3000年以上前にそれらの惑星の動き方を粘土板に刻み込んでいた。それから長いあいだ人類の知識はほとんど進歩しなかったけれど、それも望遠鏡が発明されるまでのことだった。

　望遠鏡を使ってたくさんの恒星を調べた初期の科学者は、恒星は太陽に似ているんだって考えるようになった。太陽にこれだけの数の惑星があるんだったら、ほかの恒星にも惑星があるはずだ。天の川銀河はすごく大きくて、その中にものすごい数の恒星があることがわかってくると、太陽系以外にも惑星がとてつもなくたくさんあるはずだっていう話になってきた。そして天文学者は、天の川銀河の中に惑星が何兆個もあるだろうって目星をつけた。

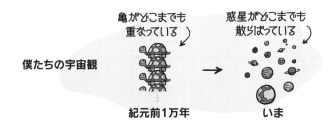

亀がどこまでも重なっている

惑星がどこまでも散らばっている

僕たちの宇宙観

紀元前1万年　　いま

　そして1995年、ついに太陽系以外の惑星が初めて見つかった。恒星からやって来る光の振動数の変化を見ることで、その恒星がまわりを回る惑星に引っ張られているかどうかを突き止められるようになったんだ。画期的な偉業だった。惑星を直接見るのは難しいけれど、そんなことをしなくても惑星があるかどうかチェッ

クできるようになったんだ。

　2002年には惑星を見つけ出すもう一つの賢い方法が開発された。恒星のまわりを惑星が回っていて、その惑星が地球とその恒星のあいだを通過するとしよう。すると、その惑星が恒星を一部隠すたびに恒星からの光がガクッと弱くなって、それを実際に観測することができるんだ。ケプラー宇宙望遠鏡では十数年前からこの方法が使われていた。何十万個もの恒星の写真を撮って光が弱くなっているものを見つけ、どの恒星に惑星があるかを調べていたんだ。

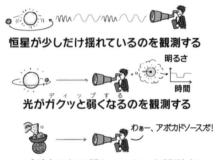

惑星を見つける方法

恒星が少しだけ揺れているのを観測する

光がガクッと弱くなるのを観測する

わぁー、アボカドソースだ！

ディップが少しだけ揺れているのを観測する

　また、太陽以外の恒星のまわりを回る惑星を直接観測できるようにもなってきた。ものすごく遠いし、惑星に比べて恒星のほうがとてつもなく明るいから、ほとんど不可能に近い。遠くの恒星のまわりを回る惑星を見るなんて、ニューヨークの巨大灯台のそばにある小さなろうそくの炎をロサンゼルスから見るみたいなもんだ。それでも天文学者はやってくれた。ぼんやりではあるけれ

ど、太陽系以外の惑星の写真が実際に撮影されているんだ。

　これらの方法のおかげで、太陽系以外の惑星を見つける能力は
ものすごく上がった。太陽系にある８つか９つの惑星しか知ら
なかった段階から、何千個もの惑星のデータが実際に取れている
段階まで進歩したんだ。

　そうしてわかってきたのは、この宇宙には惑星がゴロゴロして
いるっていうことだ。天の川銀河の中だけでも何兆個もあるって
考えられている。夜空に輝く恒星を全部思い浮かべて、その一個
一個全部のまわりに惑星が何個も回っているって考えてみてほし
い。

　それなら第２の地球候補なんていくらでもあるんじゃない
の？　でも実際に僕たちが住めるような惑星はどのくらいあるん
だろう？　いま僕たちが住んでいる惑星と同じくらい居心地のい
い確率はどのくらいなんだろう？

いいお家

　せっせと荷造りして別の惑星に移住するとしたら、引っ越し屋
を呼ぶ前にチェックしておきたいことがいくつかある。いざ行っ
てみたら全員分のトイレがなかったなんてごめんだからね。惑星
探しでチェックしておきたいリストを作っておこう。

近さ

　1個の恒星が持っている惑星の数は平均で10個くらいだと考えられているので、宇宙全体では惑星は何兆個もあるはずだ。もしも宇宙が無限に広いとしたら、惑星も無限個存在するかもしれない。でも現実問題として僕たちが行けるのは、そのうちの何個くらいだろう？　天の川銀河に一番近い銀河（アンドロメダ銀河）は約250万光年離れている。子供たちを連れて250万年も車の中に座っているなんてどうもなぁって思った人は、天の川銀河の中の惑星だけに選択肢を絞り込みたいだろう。それならさしわたし約10万光年で、もうちょっとどうにかなる。

岩石でできている

　惑星モデルハウスをたくさんめぐっていると、基本的に2タイプあるのに気づく。岩石でできている惑星と、そうじゃない惑星だ。岩石惑星は当然ほとんど岩石でできていて、地面の上に立てたり歩き回れたりといろんな利点がある。もう一つのタイプがガス惑星。100年間も吹きつづける地球サイズの大嵐みたいな見所はあるけれど、宇宙船を着陸させる場所はもちろん、暮らすのに最低限必要な地面そのものがない。

　岩石惑星はどのくらいあるんだろう？　ありがたいことにたく

さんあるんだ。天の川銀河のほとんどの恒星が岩石惑星を平均1
個以上持っていることがわかっている。天の川銀河の中に岩石惑
星が1000億個以上ある計算になるから、しっかりした地面に家
を建てたいって思っている人には朗報だ。大きさは地球サイズか
らスーパーアースサイズ（最大で地球の15倍）まで幅がある。

ゴルディロックスゾーン

　第2のお家候補を片っ端から見ていく前に、適当に選んだ岩
石惑星での暮らしぶりがどんな感じになるのかもうちょっと慎重
に考えてみたほうがいい。水星みたいにあまりにも主星（中心の
恒星）に近すぎて、恒星風を浴びてカリカリに焦げてしまうよう
な惑星もあるだろう。逆にあまりにも遠すぎて、空を見上げても
主星がほかの恒星と同じようにしか見えず、生命のいない凍った
岩石のボールの上空で輝いているだけかもしれない。

　暮らしていく惑星を選びたいんだったら、主星から近すぎも遠
すぎもしなくて、暑すぎたり寒すぎたりしない惑星を選びたい。
そんな一等地には、もってこいの名前が付いている。“ゴルディ
ロックスゾーン”だ（ゴルディロックスっていうのは、童話『3匹の
熊』に出てくる好き嫌いの激しい少女の名前）。おもしろいことにゴル
ディロックスゾーンは恒星ごとに全部違う。超高温の巨星だと、

住み心地のいいエリアはすごく離れている。温度が低くて暗い恒星だと、凍えてしまわないようにもっとずっと近くがいいだろう。天の川銀河にあるほとんどの恒星（約70%）はわりと小さいほうで（M型矮星っていう）、僕たちの太陽よりもずっと暗い。

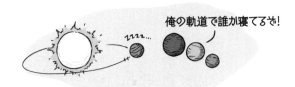

俺の軌道で誰か寝てるぞ!

驚くことに、ゴルディロックスゾーンの中にある惑星に絞り込むだけで、植民できるかもしれない惑星の数は半分くらいに減ってしまう。ほとんどの岩石惑星は主星に近すぎるんだ。

忘れてた、あと大気だ

楽勝だって思えてきたんじゃない？　新しい惑星のプールサイドで横になって、気分よく深呼吸するんだ……って何を？　おっと大気をチェックするのを忘れてた。

地球上だと当たり前のように空気を呼吸できるけれど、それがどんなにラッキーなことかついつい忘れてしまう。大気の超薄い層があって、僕たちみたいな生命が生きられるような惑星ばかりじゃない。大気は貴重だし、簡単に失われてしまう。地球の大気のほとんどは太古の火山爆発で作られた。君の呼吸している空気は地面のげっぷなんだ。でも火山が爆発している惑星ばかりじゃない。たとえ火山が爆発したとしても、そのげっぷは宇宙空間に

逃げていってしまうことが多い。安いかつらみたいに、宇宙からの（たいていは主星からの）放射線でいつも吹き飛ばされそうになっているんだ。

　じゃあ、ゴルディロックスゾーンにある岩石惑星が大気を持っているかどうかはどうやったら調べられるんだろう？　はるばる行ってみたら息ができなかったなんて最悪だ。ありがたいことに、遠くの惑星に大気があるかどうかをチェックする方法も開発されている。モザイクだらけのぼんやりした写真しか撮れないんならそんなの無理だって思うかもしれないけれど、秘訣はやっぱり光にあるんだ。

　主星の手前に惑星が来ると、主星の光が一部遮られる。でもごくごくわずかな光が惑星の大気を通過して、その色が変化する。地球上での日の出や日の入りのときには、太陽からの光が赤く見える。それと同じように、ほかの恒星のまわりを回る惑星上での日の出や日の入りを観察することで、その惑星の大気がすがすがしくておいしいか、それとも酸で肺が一瞬にして溶けてしまうかどうか目星がつくんだ。

　すごいことに、天気がわかる惑星まである。主星のまわりを回るにつれて大気がどんなふうに変化するかを見れば、気流や気温などを推定できる。実際にうまく推定できるんだ！　何個かの遠い惑星に大気が見つかっているし、ごく最近、約120光年遠くのミニ海王星に水蒸気の存在を示す光の特徴が見つかった。大気中に水があるっていうことは、表面にも水があって海も広がっているかもしれない。トランクに海水パンツを入れておこう！

**明日の天気:
晴れときどき人類襲来**

　もちろん大気は暖かい毛布になるだけじゃダメで、吸い込んだら即死してしまうようだと困る。新しいお家の大気にも地球の新鮮な空気の成分が全部入っていたら最高だ。でも残念なことに、O_2っていう形の呼吸できる酸素は宇宙にはほとんどないらしい。

　地球上に酸素があるのは、とてつもない数の微生物が光合成の能力を進化させて、その副産物として酸素を作ってくれたからだ。地球上ではそれに何十億年もかかったから、新しいお家に引っ越すにしてもそんなに長くは待ちたくない。だから新しいお家を見つけるんだったら、10億年前にもうこのプロセスが始まっている惑星を見つけないといけない。っていうことは、すでに生命（微生物）が生きている惑星を見つける必要がある。地球上でのお家探しとは真逆だ。地球上だとバイ菌だらけの家なんて絶対買いたくないけれど、第2の地球の場合はバイ菌に支配されている惑星を見つけたいんだ。

ゲッ、気色悪いなぁ　　よし、ここにしよう

バッグを詰めて**（替えのズボンも入れて）**

　要するに、暮らせそうなバックアップの惑星を見つけたいんだったら、ゴルディロックスよりももっと好き嫌いを激しくしないといけない。天の川銀河の中には主星からちょうどいい距離の岩石惑星が何百億個も何千億個もある。でもその中で、僕たちを守ってくれる大気があって、呼吸できる酸素を作ってくれる微生物が棲んでいるのはどのくらいあるんだろう？　異世界に大気や生命を探す技術はまだ生まれたばかりだから、その数はあんまりよくわかっていない。でも大気を持っている惑星がすでに何個か見つかっていて、中には生命の徴候かもしれないものを持っている惑星まであるんだから、ゼロ個だなんてことはないだろう。

　地球に似た居心地のいい惑星があったとしても、そこにたどり着けるかどうかはまた別問題だ。天の川銀河の反対側に完璧なもう一つの地球が見つかっても、10万光年もある道のりをえっちらおっちら進んでいかないといけない。そんなに遠くまで行けるの？　宇宙空間でそんなに長く生きていられるの？　ぜんぜんわからない。僕たちが手に入れられる地球は、まさにいま住んでいる地球だけなのかもしれない。

　だからワープ航法とかワームホールとかが実現するまでは、お願いだからロボット掃除機から目を離さないでほしい。そしてコーヒーをこぼさないでほしい。

8

どうしてほかの星に
旅できないの？

星に旅行できたら大興奮だよね？　「星へ行こう！」って書く
だけでテンションが上がる。地球っていう小さな牢屋から
抜け出して宇宙を探検するようになったら、人類にとってものす
ごく大きな一歩だ。

人類のいつかは叶えたいリスト

スマートフォンを　　映画『スター・　　　星に旅する
発明する　　　　ウォーズ』を11話作る

　人類は生まれてこのかたずっと宇宙の小さな一角に閉じ込めら
れてきた。月面に立った12人の宇宙飛行士以外、地面を歩いた
ことのある何千億もの人はみんな、このちっぽけな岩だらけの惑
星の表面に閉じ込められている[22]。地球の重力から逃れた12人で
すら、お隣さんをちょっと歩き回っただけだ。天の川銀河の大き

22　月面を歩いた12人のうち健在なのは4人だけ。だから、読者である君が地球から踏み出した
ことのある確率はざっくり100億分の4っていうことになる。

さに比べたら、家の玄関から出てガレージに行ったみたいなもんだ。

でも、宇宙には探検したい場所、経験したいことがたくさんある。

望遠鏡を使うと宇宙の遠くまでいろんな場所を見ることができる。遠くの星や銀河を観察して、それが無数にあることもわかっている。遠くの恒星のまわりを回る惑星の画像を撮影して、そこで暮らすのがどんな感じかまで目星がついている。みんなの心の中にある探検家魂は好奇心ではち切れそうだ。その惑星はどんな姿なの？　人類の未来の住処になりそうなの？　そこには宇宙人が棲んでいて、僕たちに宇宙の深い秘密を教えてくれるの？　星に旅すればその答えが全部わかって、それ以上の収穫があるだろう。

でも現実は厳しい。僕たちは太陽系を飛び出すことすらほとんどできていないんだ。[23]どうして僕たちは宇宙を探検できないんだろう？　何か物理法則のせいなの？　それともふさわしいテクノロジーを開発すれば解決なの？　宇宙旅行を難しくしているのは

23　2012年にボイジャー1号が太陽系（正確に言うと太陽圏）を飛び出した。

何なのか、それをちょっと見ていこう。

宇宙はでっかい

　前の章でわかったとおり、宇宙はすごくすごく広い。しかも天体どうしがものすごく離れている。一番近い恒星プロキシマ・ケンタウリに行くだけでも、40兆kmも旅しないといけない。天の川銀河の中での恒星どうしの平均距離も同じくらいで、48兆kmだ。まさに僕たちは、果てしなく広い大海原に浮かぶちっぽけな島に閉じ込められているみたいなもんなんだ。

　でもそれだけ遠くても、渡ること自体は難しくない。宇宙空間はほとんど空っぽだから、障害物もほとんどないし空気抵抗も受けない。本当の問題は、それだけの距離を進むのに時間がかかることだ。

　これまでに宇宙を飛んだ最速の有人宇宙船（時速4万km）でも、

プロキシマ・ケンタウリまで旅するにはものすごく長い時間がかかる。10万年以上だ。当然もっとスピードアップしないと。

どうにかして光の速さの10分の1のスピード（時速1億km）を出せたら、プロキシマ・ケンタウリに40年ちょっとでたどり着ける。バカンス旅行だと長すぎるけれど、永住する気ならいいかもしれない。さらにたとえば光の速さの半分までスピードアップできれば、10年もかからない。

でもプロキシマ・ケンタウリよりも遠くに行くんだったら？　天の川銀河の反対側まで行きたかったら？　天の川銀河はさしわたしが1,000,000,000,000,000,000km もあるから、光の半分のスピードでも反対端まで行くのに約20万年かかる。光の速さの4分の3のスピードで飛べたとしても、13万3333年もかかってしまう。

でもありがたいことに、いったん光の速さの4分の3まで加速できれば、物理のおかげで暇をもてあまさなくて済む。そんなスピードになると相対性理論の効果が強く効きはじめる。それだけ速く飛ぶと時間の流れ方が変わってくるんだ。君の目から見ると宇宙船の前方の宇宙空間が縮まって、目的地までかかる時間が短くなったみたいに感じられる。光の速さの99.999999%まで加速すると、君にとっては天の川銀河の反対端まで30年しかか

からないんだ。悪くない[24]！

　でも宇宙船をそんなものすごいスピードまで加速するのが難しい。とてつもない量のエネルギーが必要なんだ。質量を m、速さを v とすると、運動エネルギーは mv^2 に比例する。v^2 っていうのがくせ者で、速さが2倍になるとエネルギーは4倍になってしまう。植民地を築けるだけの乗組員と装備を運ぶ中型サイズの宇宙船でも、重量は数百万 kg くらいになりそうだ。

　それだけの質量を光の速さの半分のスピードまで加速するには、まさにとんでもない量のエネルギーが必要になる。その量は5000兆メガジュール、全人類が1年間で消費するエネルギーの100倍だ。

　そんなエネルギー、どこから調達するんだろう？　そもそもどうやって持っていくんだろう？

24　もちろん目的地に着いた頃には、地球に残していった人はみんな何十万年も前に死んでしまっている。

つまようじ問題

　宇宙旅行の問題について頭をひねるためには、"つまようじ問題"っていうものについて考えてみるといい。っていっても、地球とプロキシマ・ケンタウリのあいだにつまようじで橋を架けるっていう話じゃない。「1本のつまようじを光の速さ近くまで加速するにはどうしたらいいか」っていう問題だ。

　そんなに難しくないんじゃないの？　つまようじなんてすごく小さいんだから、どこが難しいって言うの？　でも宇宙空間でどうやって加速させればいいかを考えはじめると、「ちょっと待てよ」ってなってしまう。

つまようじ問題

　宇宙空間でものを推進するのに一番よく使われているのはロケットだ。だから答えは簡単で、つまようじをロケットで推進すればいいんじゃないの？　ところがそれには大きな問題がある。つまようじを推進するだけじゃなくて、ロケットを噴射するのに必要な燃料も全部推進しないといけないからだ。しかも持っていく燃料が多くなると、それだけロケットが重くなって、ますますたくさん燃料が必要になる。この悪循環がどんどんひどくなっていって、持っていく燃料のほとんどが燃料自体を推進するためだけ

に使われるようになってしまう。たとえばつまようじ1本を光の速さの約10%のスピードで推進するためには、なんと木星よりも大きい燃料タンクを搭載したロケットが必要なんだ！

　もちろんその理由の一つは、ロケットがすごく非効率なことだ。確かに乗っていて楽しい（しかも「ゴーーー」っていうまさにロケットっぽい轟音を立てる）けれど、星から星へ飛ぶのにはあんまり向いていない。ロケット燃料を燃やすとその化学結合が何本か切れて、それでエネルギーが放出される。でもその量は、燃料自体の質量として蓄えられているエネルギーのごく一部でしかない。燃料から原理的に取り出せるエネルギーの量は $E = mc^2$ で求められるけれど、化学的な燃焼ではその約 0.0001% しか得られない。ロケット燃料から1ジュールのエネルギーを発生させるためには、なんと約100万ジュールに相当する質量が必要なんだ。

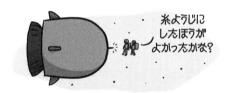

もっと効率のいい燃料

　ロケットは基本的に19世紀のテクノロジーだから、もっといい方法はないの？

　もっと効率のいい燃料が見つかれば、つまようじ問題はもっと簡単に解決できる。たとえば同じ重さでもっとたくさんエネルギーを発生させる燃料が見つかったら、つまようじを推進するのに

あんなに大きい燃料タンクはいらなくなる。

　ただしエネルギーの多い燃料は扱いづらいし、危険なこともある。そこでいまから、宇宙旅行がずっと簡単になりそうな方法をいくつか紹介しよう。

核爆発

　原子力はロケット燃料よりも強力だ。原子どうしの結合に蓄えられているエネルギーだけじゃなくて、原子核の中に蓄えられているエネルギーも放出されるんだから。でも宇宙船の中に原子炉を作ろうっていう話じゃない。それだと効率が悪すぎる。

　宇宙旅行をするためには、宇宙船の後ろに核爆弾をいくつもしばりつけて爆発させるんだ。核爆弾のほうがもっとずっと効率的にエネルギーが放出される。宇宙船の質量の4分の3を核爆弾にしてそれを一つずつ爆発させれば、光の速さの10％まで簡単に加速できるんだ。

さぁ乗って。
ドカーンといくよ

　うまくいきそうだけれど、いくつかハードルがある。1つめは、宇宙空間での核爆弾の使用を禁じる国際条約があること。2つめは核爆弾がすごくたくさん必要になること。恒星までの長旅にちょうどいいサイズの宇宙船を推進するためには、現在地球上にある約200倍の核爆弾が必要なんだ。

イオンドライブ

　核爆発の衝撃波に乗って宇宙を飛んでいくなんてどうもなぁって思った人には、もっとクリーンで効率的な方法がある。粒子加速器、またの名を"イオンドライブ"だ。

　粒子加速器はふつう科学研究のために作られる。粒子を加速して何かにぶつけ、何が起こるのかを調べるんだ。でも粒子加速器は宇宙空間での推進にも使える。ピストルを撃つと、発射された弾丸によって君の身体は少し反動を受ける。運動量保存の法則のとおりだ。一方向に運動量を発生させるためには、バランスを取るために反対方向にも運動量を発生させないといけない。弾丸（または粒子）を発射すると、凍った湖の上で誰かの身体を押したときみたいに自分も動き出すんだ。

　イオンドライブは大きな粒子加速器そのもので、宇宙船の後方から粒子を発射する。電気を帯びた粒子を電気エネルギーを使って押し出すっていう方法で、そのエネルギーをすごく効率的にスピードに変えられる。欠点は、その粒子と同じように君の受ける反動もすごく小さくて、そーっとしか推進されないことだ。だから地上から離陸するのには使えないけれど、宇宙空間に出てしまえば長時間推進することでかなりのスピードを出せる。

プッ、プッ、プッ、プッ

宇宙旅行って
もっとかっこいいって
思ってた

イオンドライブの厄介なところは、電気エネルギーをどうやって調達するかだ。長期間の宇宙旅行に必要な電気エネルギーを確保するためには、重い核融合炉とか巨大なソーラーパネルとかが要るけれど、それだと重量が増して効率が下がってしまう。でもラッキーなことに、素粒子物理学はこの問題も解決してくれるかもしれない。

反物質

イオンドライブを駆動させるためにはできるだけ効率的なエネルギー源がほしい。質量を残らずエネルギーに変換できたらそれ以上のことはない。そこで反物質だ。

反物質はSFじゃなくて実在する。これまでに発見されたどんな物質粒子にも、それと対応する反粒子が存在する。電子には反電子（陽電子ともいう）、クォークには反クォーク、陽子には反陽子だ。[25] どうして反物質が存在するのかは大きな謎だけれど、大事なのは物質と反物質が出合うとどうなるかだ。

SFが昼ドラになっちゃった

---

25   ニュートリノにも反ニュートリノがあるのか、それとも自分自身が反粒子なのかはよくわかっていない。

　反物質がふつうの物質とぶつかると、どっちも消滅して全質量がエネルギーに変換される。たとえば電子と反電子が出合うと、光の粒子である光子に変わってしまう。それと同じことがどんな物質と反物質のペアにも言える。この反応はすごく効率が良くて、ちょっとの量の反物質と物質を組み合わせるだけで大量のエネルギーが放出される。レーズン1粒と反レーズン（反粒子でできたレーズン）1粒をぶつけると、核爆発よりも大量のエネルギーが出てくるんだ。

　良さそうなアイデアだけれど、その反面ものすごく危ない。反物質でできた燃料が宇宙船（ふつうの物質でできている）に触れただけで、ドカーン！　宇宙船を飛ばすためにはエネルギーを少しずつ放出させたい。一気に爆発させたら君の身体はこなごなだ。反物質を貯蔵しておくのはすごく難しい。磁場を使って閉じ込めておく方法も考えられるけれど、そんなに長くはもたないかもしれない。ほんのちょっと漏れただけでおだぶつだ。

　反物質燃料のもう一つの問題は、どこで調達するかだ。高エネルギーの粒子衝突で反物質を作り出すテクノロジーがすでにあるけれど、目玉が飛び出るほどの費用がかかる。CERNの粒子コライダーでは1年に数ピコグラム（1兆分の数グラム）の反物質が作られているけれど、1gあたり数百兆ドルもかかる。宇宙船1隻の燃料になるくらいまで生産量を増やすのはコスト的に無理かもしれない。

ブラックホールのパワー

　効率100%で宇宙船を推進するもう一つの方法が、ブラック

ホールを使うことだ。ブラックホールはこの宇宙で一番ぎゅっと
エネルギーを蓄えている。

　実はブラックホールはエネルギーを放出している。"ホーキン
グ放射"っていうものを発生させているんだ。科学者によるとそ
れはこういうしくみだ。ブラックホールの縁のそばで粒子のペア
が生成する。ふつうの空間でも量子ゆらぎによってたえず起こっ
ていることだ。でもたまたまブラックホールの縁で起こると、お
もしろいことが始まる。その粒子がブラックホールの重力によっ
て少し加速する、つまりブラックホールのエネルギーを拝借する
んだ。

　ここでペアの一方の粒子がブラックホールから逃げ出して、も
う一方の粒子が吸い込まれると、逃げ出したほうの粒子がブラッ
クホールのエネルギーを少しだけ持ち去る。ブラックホールにと
ってみたら、エネルギーが減ったっていうことは質量が減ったこ
とになる。こうしてブラックホールはエネルギーを放射に変換し
て、縁のすぐ外側から粒子をまき散らすんだ。その粒子を使うこ
とができれば、それで宇宙船を推進できるだろう。

　大きいブラックホールだとこの放射はすごく弱いけれど、小さ
いブラックホールだともっとずっと強くなるって考えられている。
エンパイアステートビル２棟分の重さの"小さい"ブラックホー
ルだったら、粒子を大量にまき散らしてすごく明るく輝き、質
量として蓄えている全エネルギーを徐々に放射に変えていく。

　このブラックホールを宇宙船の真ん中に置いて、その放射を全
部後ろ向きに反射させるように工夫したらいいだろう。その衝撃
で宇宙船は前方に押し出される。機体が前に進めばブラックホー

ルも重力で一緒に引っ張られていくから、このとてつもないブラックホール宇宙船はバラバラにならずに済む。

　燃料用の小さいブラックホールを作るのは簡単なことじゃない。でも、もしも作れたら数年のあいだエネルギーを出しつづけて、最後は蒸発してなくなってしまうって考えられている。

帆を張って飛んでいく

　核爆発とか、命取りになる反物質とか、危ないブラックホールとかで推進する宇宙船に乗るくらいだったら、ほかの星になんか行けなくてもいいや。よくわかる。

　でも残念なことに、旅に必要な燃料を全部詰め込んでいくっていうアイデアにこだわるんだったら、この３つよりも効率のいい燃料はなかなか見つからない。

　でも広大な宇宙空間を航海する別の方法があったとしたら？文字どおり帆を張って別の恒星や惑星まで飛んでいけたとしたら？

　人類は最初はそうやって大海原を航海したじゃないか。いまと

違って燃料を全部持っていくなんてしなかった。風を受けて目的
地まで行っていた。宇宙旅行でもそんなことができたとしたら？

　ソーラーセイルなんて本当にうまくいくのかって思うけれど、
実際にうまくいくし実証済みのテクノロジーだ。帆で風をとらえ
るのと同じように、大きなソーラーセイルで粒子をつかまえる。
セイルに粒子がぶつかると運動量が伝わって、宇宙船が押し出さ
れるっていうしくみだ。

さぁ、
探検に出発だ!

　その粒子はどこから飛んでくるんだろう？　ラッキーなことに、
高速粒子をまき散らしている巨大なエネルギー源がある。太陽だ。
核融合で燃えさかる太陽は、光子などの粒子をたえず四方八方に
まき散らしている。帆を張って太陽系を飛び出すためには、ソー
ラーセイルを太陽に向けるだけでいい。そうすれば、太陽からや
って来る光線や放射でゆっくり押し出されていく。

　ただし一つだけ、太陽光線だけだと速いスピードまで加速して
短期間で恒星間旅行をするのは無理だ。太陽から離れると太陽風
はすごく弱くなってしまう。その解決法になりそうなのが、地球
上に巨大レーザーを設置して宇宙船めがけて発射し、地上から押
し出すっていう方法だ。巨大な鏡を設置して太陽のエネルギーを
集束させてもいいかもしれない。どっちの方法でも光の速さの

10分の1かそれ以上のスピードまで加速できる。

じゃあ行った先には何があるんだろう？

　わかったかい？　ここまで挙げたアイデアの中にはちょっと突拍子のないものもあった。でも物理的にはどれも実現可能だ。だから、僕たちがほかの星を訪れるのを邪魔するものは何もない。どうすればいいのかもわかっている。やるだけだ。費用がかかるし大変かもしれないけれど、物理は問題にはならない。宇宙がやってみろってけしかけているみたいだ。ブラックホールを作って手なずけるのなんて無理だと思う？　反物質を触れずに瓶詰めにするのは？　もちろん難しそうだ。でも人類は不可能だって思われていたことをいろいろ成し遂げてきたじゃないか。

　必要なのは未来を思い描くこと、そしてやり通す意志だ。僕たちははるかかなたの宇宙に狙いを定める運命にある。さぁ、探検家魂に火をつけて星を目指そう！

9

いつか小惑星が
地球にぶつかって
みんな死んじゃうの？

そんなのぶつかるまでわからないよ。

どんな最期を迎えるかなんてそんなもんだ。人生にはびっくりすることがいっぱいで、どうやって死ぬかも予想できないんだ。

人類全体ってなるとますますそうかもしれない。そもそも宇宙は危ない場所で、僕たちは真っ暗闇の中を突進する小さな惑星に必死でしがみついているぐにゃぐにゃの生き物だ。未知の広大な宇宙には、爆発する星とか超重いブラックホール、そして極悪非道の宇宙人とかがうじゃうじゃしているかもしれない。

ラッキーなことに、わかっている限り近いうちにこの近所で超新星爆発が起こったり、ブラックホールが生まれたり、宇宙人が現れたりすることはなさそうだ。でも、何かがこっちに向かってきて僕たちを早死にさせるかもしれない恐れは確実にある。石ころだ。宇宙空間ではつねに巨大な石ころがものすごいスピードで飛び交って、邪魔してくるものに片っ端からぶつかっているんだ。

宇宙に浮かぶ石ころなんてどこが危ないのって思った人は、大

気に守られていない太陽系の衛星や惑星の表面を見てみてほしい。
ものすごい数のクレーターが開いていて、中には直径数千 km の
ものまである。その一つ一つが激しい天体衝突の証拠だ。たとえ
ば地球の月にも何百万個ものクレーターがあって、若者のにきび
よりも多いくらいだ。

　そこでこう思ったんじゃないの？　次は地球の番なんだろう
か？　巨大な小惑星が地球にぶつかってみんな死んでしまう確率
はどのくらいあるんだろう？　そもそもそんな猛スピードの小惑
星、どこから飛んでくるんだろう？

ふぅ!
この銃弾はかわせたぞ!

宇宙に浮かぶ石ころ

　危険な巨大小惑星っていったら、太陽系の外、はるかかなたの宇宙からやって来るもんなんじゃないの？　でも実は、一番ありそうな出身地は地球のすぐ裏庭だ。星々のあいだの宇宙空間はかなり空っぽだけれど、太陽系の中には危険な巨大小惑星がひしめいているんだ。そこでこれから、地球の近所で小惑星が集まっている場所をいくつかめぐっていくことにしよう。

小惑星帯

　最初に訪れる小惑星の群れは、火星と木星のあいだに広がる小惑星帯。小惑星の数は何百万個にもなる。ほとんどは小さいけれど、直径 100 km を超すものも数百個あるし、中には直径 950 km（アメリカのモンタナ州くらい）のものまである。そんな巨大小惑星がもしも地球にぶつかったら、僕たちはきっとおしまいだ。

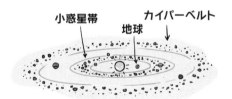

カイパーベルト

　地球の近所で 2 番目に大きい小惑星の群れは、海王星よりも遠くに広がる、氷の塊が集まった巨大円盤、カイパーベルトだ。直径 80 km を超す氷の塊が 10 万個くらいもあって、やっぱり

相当危険だ。

オールトの雲

最後がオールトの雲。冥王星よりも遠くにある氷と塵の巨大な雲で、僕たちが目にする彗星のほとんどはそこからやって来る。直径1kmを超す氷の塊が数兆個、20kmを超すものでも数十億個はあるって考えられている。

こんなふうに、地球の近所も思ったほどきれいに片付いてはいない。ゴミだらけなんだ！

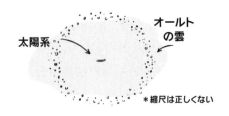

太陽系　オールトの雲

＊縮尺は正しくない

どうして地球の近所はこんなに石ころだらけなんだろう？　それは太陽系の始まりにさかのぼる。太陽系はガスと塵、そしてちっぽけな小石から作られた。ビッグバンのときに作られた材料もあったし、燃え尽きて爆発した恒星の破片もあった。ほとんどのガスは軽いから、中心に集まって高密度の塊を作り、重力によって火がついて太陽になった。残りの材料も外側のほうで塊を作ったけれど、重力が弱くて火がつかずに恒星になれなかったので、圧力によって中心部が熱く融けた惑星になった。でも残った小石が全部太陽や惑星に取り込まれたわけじゃない。かなりの量の石ころがもっと小さい塊を作って、いまでも太陽系の中をビュンビ

ュン飛び回っているんだ。

　初めのうち太陽系はめちゃくちゃだった。どの天体も生まれたばかりで、若い惑星や石ころの塊が軌道の奪い合いをしていた。せっかくいい惑星ができそうだったのに、突然ドカーン。別の巨大な石ころがぶつかってきた。地球の月はそうやってできたって考えられている。生まれたばかりの地球に巨大小惑星がぶつかって、それで吹き飛ばされた大きな塊が近くの軌道に落ち着いたっていうんだ。

　ありがたいことに太陽系はいまでは立派な大人になって、ぶつかり放題のやんちゃな時期はもう終わっている。ほとんどの天体は安定な軌道をめぐっている。そうでないものはもう衝突してしまったか、または惑星やほかの小惑星の流れに身を任せるようになっている。ヨーロッパにある交通量の激しいロータリーみたいに、みんなすごく接近しながらビュンビュン回っているんだ。何年もそんなふうにやっているから、走り方をわきまえているのは間違いない。

%$#^@!*　　　　#@*~&!*

*イタリア語からの翻訳

　でもだからといって危険が去ったわけじゃない。小惑星や氷の塊の中には、いつか地球に衝突しそうな経路を進んでいるものもあるかもしれない。あるいは地球の軌道と交差する経路に乗り換えるものもあるかもしれない。軌道からはじき出されてトラブルを引き起こすものもあるだろう。

　たとえば太陽光で一方の面だけが温められて、そのせいで軌道が変わるかもしれない。玉突き衝突を起こすものもあるかもしれない。そんな小惑星が木星の重力を受けたら、太陽系の内側のほうに引きずり込まれるかもしれない。知らないうちに内部太陽系ハイウェイには石ころが何千個も転がっていて、君は何十億年も自動車保険を更新しつづけているんだ。

どんなに大変なことになるんだろう

　小惑星が地球にぶつかったらどうなるんだろう？　それは場合による。

　小惑星は地面にぶつかる前に大気を通り抜けないといけないから、それで僕たちは多少は守られている。大気に突入した小惑星は空気の分子に引きずられて、衝撃吸収材に当たったみたいにス

ピードを落とす。水を張ったプールに銃弾を撃ち込んだり、巨大なボウルで作ったゼリーにボウリングの球を落としたりするみたいなもんだ。空気の分子はそんなに速くはよけられないから、落ちてきた小惑星のエネルギーによって圧縮されて衝撃波が発生する。空気でも何でも、圧縮されると熱くなる。この場合、衝撃波の前面の温度は1500℃以上にもなる。スペースシャトルや宇宙船の帰還モジュールが大気圏再突入のときに高温になるのもそのせいだ。空気との摩擦熱を遮って吸収するために、機体の前面にはセラミックスを貼ったり冷却システムを張りめぐらせたりしている。

　宇宙からやって来た小惑星も、このすごいシールドにぶつかると冷静じゃなくなって熱くなる。ものすごく高温になるんだ。どのくらい熱くなるかによるけれど、大気中でバラバラにくだけて小さな破片が地上に降りそそぐこともあれば、塊のまま落ちてそのエネルギーのほとんどが地表に直接伝わることもある。

　小さな小惑星（直径約1m以下）はしょっちゅう地球にぶつかってきているけれど、大気中で燃え尽きてしまって流れ星になる。

26　想像してみて。きっと楽しそうだ。

晴れた夜だときれいに見える。

でももっと大きな小惑星になるとだんだん危険になってきて、地球の大気でも止められなくなる。どのくらいなのか感じをつかんでもらうために、いろんなサイズの小惑星のエネルギーを初期の原子爆弾の威力と比べて表にしてみた。

小惑星の サイズ	爆発の 威力
5m	原爆1個分
20m	30個分
100m	3000個分
1km	300万個分
5km	1億個分

さしわたし5mの小惑星のエネルギーは初期の原子爆弾と同じくらい。ただごとでは済みそうにないけれど、科学者はそんなに心配していない。たいていは海のどこかに落ちるか、人の住んでいない地域の超上空で爆発してしまうからだ。

20mサイズ（だいたい象5頭分の幅）になると、原爆30個分のエネルギーになる。巨大爆発だ。運の悪いことにそんな大きさの小惑星が大気圏を貫いてマンハッタンかどこかに落ちたら、とて

つもない大災害になる。何百万もの命が奪われてしまうだろう。でもだからといって人類が絶滅するとは限らない。実はごく最近も 20 m サイズの小惑星が大気圏の中で爆発したんだ。

　2013 年にロシアのチェリャビンスクの上空で、小惑星帯からやって来た直径 20 m の小惑星が時速 6 万 km で大気圏に突っ込んだ。昼前だったのにその爆発の光は太陽よりも明るかったそうで、100 km 離れたところからも見えたという。そして 1000 人ほどが怪我をした。あまりの出来事にパニックが起こって、大勢の人が神に祈ったけれど、人類の時代が終わるほどではなかった。

　これ以上のサイズ（km サイズ）になってくると、人類にとってのデンジャーゾーンに突入する。数 km サイズの小惑星が最後にやって来たのはいまから 6500 万年前のことで、それが恐竜の絶滅を引き起こしたのかもしれないって考えられている。[27]

　でも地球は直径 1 万 km 以上もあるんだから（正確に言うと 1 万2742 km）、たった数 km の小さい小惑星がぶつかったってたいしたことないんじゃないの？　じゃあたとえばサイズ 5 km のちっ

27　おもしろいことに、恐竜を絶滅させた小惑星（直径約 10 km）は実際に地球に衝突する何年も前に地球のそばを通過していたって考えられている。恐竜の科学者はそれを見て警戒しておくべきだった。

ぽけな小惑星で考えてみよう。

直径 5 km の小惑星が地上に落下すると、約 10^{23} ジュールのエネルギーが発生する。平均的なアメリカ人が 1 年間に使うエネルギーは約 3×10^{11} ジュール、全人類だと約 4×10^{20} ジュールだ。だからこの 1 回の衝突で、全人類の 1000 年分に相当するエネルギーが 1 か所に一気に与えられることになる。核爆弾にすると 200 億キロトン、初期の原爆の約 1 億倍だ。

こんなに大量のエネルギーが陸上で放出されると、落下地点から爆発の衝撃波が猛スピードで広がって、その熱と風圧で数千km 以内のものが根こそぎ破壊される。また大地震が発生してあたり一面が揺さぶられ、それを引き金に火山がいくつも爆発して一帯が熱い溶岩に覆われてしまう。

落下地点の近くにいたら話は簡単。焼け焦げてしまう。置いてあった食パンは真っ黒焦げのトーストになって、どれだけバターを塗りたくっても食べられたもんじゃない。じゃあどのくらい離れていたらだいじょうぶなんだろう？　ニューヨークに落下したとしたら、ロサンゼルスでもきっと近すぎるんだ。

でもたとえ落下地点から遠く離れていても（たとえば地球の反対側でも）、そんなに長くは生きていられないだろう。爆風自体は避

けられるかもしれないけれど、衝突で発生した地震や火山爆発には見舞われてしまう。でももっと大問題は、超高温の塵や灰や石の破片が雲となって上空に巻き上げられることだ。その超高温の塵の一部が漂ってくると、地表が焼かれて森林が燃え上がる。しかもものすごく長いあいだ大気中に留まる。この雲に地球全体が覆われて、何年も何十年も、もしかしたらそれよりも長いあいだ暗闇が続く。恐竜が絶滅したのもきっとそのせいだ。

もう日焼け止めなんていらないんじゃない？

　陸地じゃなくて海に落ちたら？　残念なことにそれでも似たようなもんだ。まずは大量のエネルギーが水に吸収されて、高さ何kmもの超巨大津波が発生する。エンパイアステートビルの4倍から5倍の高さの波を見上げることになるんだ。そんな巨大な波がやって来たら、アメリカ合衆国のへそ、デンバーがあっという間にビーチフロントになってしまうし、オーストラリアや日本は地図上から完全に消えてしまうだろう。

　衝突の影響はもっとずっと長く続く。塵の巨大な雲によって生態系がほとんど死に絶えて、僕たちの知っている生命はほとんど生きられなくなるだろう。もしも海に小惑星が落下したら、大気中に大量の水蒸気が舞い上がって温室効果がスピードアップするだろう。そうして地表にエネルギーが溜まって、地球全体が生命

の棲めないくらいの高温になるだろう。

5 km サイズの小惑星が衝突しただけでこのざまだ。もっと大きい小惑星が衝突したらどうなるかはわかるよね？

どのくらい起こりそうなの？

巨大小惑星が地球に衝突する確率はどのくらいなの？　僕たちがそんな目に遭うことはあるの？　その答えを知るために、カリフォルニア州パサデナのジェット推進研究所にある、NASA の地球近傍天体研究センター（CNEOS）で働く人たちに話を聞いてみた。彼らは巨大小惑星が地球に衝突して人類が絶滅するのを防ごうとしているので、"小惑星防衛軍"って呼んだほうが合っているかも（君の仕事よりも大事なんだ）。

CNEOS と世界中の協力機関の一番の活動は、太陽系の中にある小惑星を片っ端から見つけて追跡し、そのうちのどれかが地球に衝突する経路を進んできたら気を引き締められるようにすることだ。彼らは望遠鏡を使って何十年も懸命に調べ、地球のまわりにある大きな小惑星の位置と、近い未来や遠い未来にどこに来るかをまとめたすごいデータベースを作り上げた。

　そうしてわかってきたのは、小惑星のサイズと、太陽系の中に存在する数とのあいだに逆相関が見られることだ。小さな小惑星は地球の近くにたくさんあるけれど、すごく大きい小惑星はなかなか見つからない。つまり大きい小惑星ほど稀だっていうことだ。稀なほうが地球にぶつかる確率は低いんだから、これはありがたい話だ。

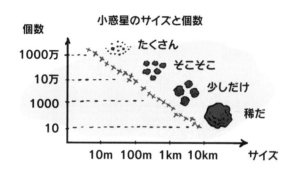

CNEOS の推計によると、たとえば１ m サイズの小惑星は何億個もある。すごくたくさんあるし、実は１年間に約 500 個も

地球にぶつかっている。どんな日でもたぶん地球のどこかにそういう小惑星が落ちているんだ。でも幸いなことにほとんど被害は起こさない。

　もっと大きい小惑星になると、だんだん数が少なくなっていく。たとえば直径５ m の小惑星は太陽系の

中に数千万個あって、地球には約5年に1回しか落下しない。20mサイズの小惑星（ロシアのチェリャビンスク上空で爆発したようなもの）は数百万個ほどで、地球に落下するのは平均で50年に1回くらいだ。

　じゃあもっと大きいものは？　たとえ数が少なくても（直径1kmの小惑星はたった数千個、10kmを超すものはたった数十個）、1個でも地球に衝突したら人類は終わりかもしれない。

　ラッキーなことに大きい小惑星は数が少ないだけじゃなくて、わりと目につきやすい。規則的な軌道をめぐる巨大小惑星は、太陽からの光を反射して僕たちにも見えているはずだ。だからCNEOSチームも、そんな小惑星の場所はほとんど全部わかっているって自信満々だ。数を数えて軌道を描いたところ、いまのところ地球と衝突するコースを進んでいるのは一つもないようだ。

　少なくともそう考えられてはいる。太陽系の中にある大きな小惑星の90%は位置がわかっている。でも困ったことに、残り10%はどこにあるのかわかっていないんだ。

　まだ見つかっていない大きな小惑星がどこかにあるのかもしれない。隠れているのかもしれないし、観測できるくらいの距離までは近づかないような軌道をめぐっているのかもしれない。小惑

星は自分では輝かないし、数kmなんて太陽系の大きさに比べたらちっぽけだ。だから、真っ暗な宇宙空間から大型小惑星が忍び寄ってくる可能性はまだまだあるんだ。

死の雪玉

　CNEOSの科学者がもっとずっと心配しているのは、別のタイプの小天体が地球に衝突するかもしれないことだ。巨大な雪玉、またの名を彗星である。僕たちを消し去りかねない小惑星はNASAによってほとんど捕捉されているけれど、実は彗星はもっとずっと見つけにくいんだ。

　目に見える彗星のほとんどは、石と氷からできた巨大な塊で、オールトの雲からものすごく長い軌道を描いて太陽に向かって落ちてきたものだ。太陽のまわりを1周するのに何百年も何千年もかかるものまである。だから内部太陽系（地球の近く）にやって来た彗星の多くは、僕たちが初めて目にするものだ。

　さらに困ったことに、極寒の僻地（へきち）からはるばるやって来た彗星は小惑星よりもずっと速く飛んでくるから、(a) 対処できる時間が短いし（せいぜい1年）、(b) 地球に衝突したらもっとひどい衝撃になる。

　彗星がぶつかってくる確率はかなり低いだろうって考えられて
いるけれど、実際に計算するのは難しい。ごく最近、地球の近く
でそれが起こった。1994年、シューメイカー＝レビー第9彗星
が太陽に向かう途中で21個の破片に壊れ、木星に衝突したんだ。
そのうちの1個の破片で起こった巨大爆発は、大きさがだいた
い地球くらいもあった。

　実はNASAが地球近傍天体計画を立ち上げて、地球の近くに
ある小天体を残らず記録・追跡しようと思ったきっかけが、この
彗星衝突だった。1回起こったんだったらまた起こるだろうし、
もしかしたら今度は地球の番かもしれない。

何ができるんだろう？

　彗星がどこからともなく突然現れて、地球に衝突するコースを
進んできたとしよう。または、それまで知られていなかった巨大
小惑星が新たに見つかって、その軌道がいずれ地球と交差するこ
とがわかったとしよう。または、太陽系の中で何かが起こって、
それではじき出された巨大天体がまっすぐこっちに向かってきた

としよう。僕たちにできることは何かあるんだろうか？

映画の中だと、白衣を着た科学者とコーヒーポット、そして解決法を見つけようとびっしり殴り書きされたホワイトボードの光景に音楽をかぶせれば一件落着だ（さらにブルース・ウィリスが出てくれればもっといい）。でも現実はそんなにうまくいくの？

驚くことに CNEOS みたいな研究グループはそういうことをせっせと考えている。彼らによると、大型小惑星の襲来を生き延びるための戦略は次の 2 つのタイプに分けられるそうだ。

解決法その 1：逸らす

1 つめの解決法は、小惑星または彗星を逸らす、つまり進行方向をずらして地球との衝突コースに乗らないようにするっていうものだ。そのためのうまい方法がいくつか考えられている。

ロケット：やって来る天体にロケットをぶつけるか、または吹き飛ばして天体の軌道を変える。着陸してブースターエンジンを噴射し、天体を新しい軌道に押し出すっていう方法も可能かもしれない（見込みは低いけれど）。

　掘削機：巨大クレーンやロボットを着陸させて掘り進め、その破片を宇宙空間に押し出す。破片の運動量によって天体の軌道が変わるだろう。

　レーザー：もう一つおもしろいアイデアが、地球上に巨大レーザーを建設して小惑星または彗星を撃つっていう方法。天体の一方の面を加熱して氷を融かしたり岩石を蒸発させたりすることで、天体を地球衝突軌道から押し出す。

小惑星を逸らす方法

　鏡：ぶっ飛んだ方法がお望みなら、レンズや鏡をたくさん打ち上げて太陽光を集め、天体に焦点を合わせる。すると一部が蒸発して天体が衝突コースから押し出される。

解決法その２：破壊する

　２つめの選択肢はもちろん、地球にやって来る前に破壊してしまうこと。ぶち壊すんだ。

　一つ考えられるのが、核ミサイルを打ち上げて天体を迎え撃ち、大気中で燃え尽きてしまうような小さい破片にバラバラにするっ

ていう方法。中には地上に落ちてくる破片もあるかもしれないけれど、そのまま地球にぶつかるよりはまだましだ。

　でもやって来る小惑星が、重力でなんとなくまとまった岩石の集合体だっていうこともありえる。そうすると1回の核爆発ではうまく破壊できないから、もっと小型の核爆弾を何発も打ち上げたほうがいいだろう。一番効率的にバラバラにできるような距離で核爆発を起こすこともできるだろうし、天体の表面から少し離れたところで爆発させれば、破壊するんじゃなくて逸らすこともできるかもしれない。

　もちろんこの2つの戦略がうまくいくかどうかは、僕たちにどれだけ時間があるかにかかっている。CNEOSによると、「小惑星や彗星の衝突を生き延びるのに一番大事なことは3つ、(1) 早く見つけること、(2) あと2つはそんなに大事じゃない」だそうだ。[28]

　兆候がいくつもあれば（何年も前だと助かる）、どっちかの戦略を立てて実行する時間があるかもしれない。それだけじゃなくて、

28　CNEOSの上級研究員スティーヴ・チェスリー博士の言葉。この章のための取材に快く応じてくれた。

時間が長ければ長いほどいい結果になる。

　たとえばある小惑星が 100 年後に地球に衝突することがわかれば、ちょっと小突くだけで未来の軌道を大きく変えられるだろう。1 km 先からライフルで狙われるみたいなもんだ。ライフルの向きがちょっとずれただけでも、1 km 飛んでくるうちに弾丸は大きく外れてしまう。小惑星もそれと同じだ。やって来ることがかなり前からわかれば、ちょっと押すだけでコースを大きく外れてくれるんだ。

コン!

ふぅ!

　だから、地球のあたりを飛び交っている小惑星や彗星を残らず追跡するのはすごく大事だ。どこからともなく突然現れるのはすごく恐ろしいんだ。

心配しなきゃいけないの？

　地下シェルターを作ったり缶詰を買いまくったりする前に言っておいたほうがいいだろう。小惑星がやって来て僕たちが死に絶える確率なんて実はそんなに高くないんだ。

　短期的な話で言うと、NASA のチームなどこの問題に取り組む

世界中の数十人の研究者が全力でそんな天体を見つけ出していて、みんなが不安がって夜空を見上げなくても済むように陰でしっかりと仕事してくれている。地球を破壊するような天体はほぼ残らず見つけて位置も突き止めているから、人類にとってリスクはほとんどないって胸を張っている。

　さらに強力な望遠鏡の計画もあって、たとえば地球近傍天体サーベイヤーっていう宇宙望遠鏡やヴェラ・ルービン地上望遠鏡が完成したら、地球に衝突しそうな天体をいち早く見つける能力は大幅に上がるだろう。

　君自身のリスクについていうと、宇宙からやって来る天体で死ぬよりも、地球上の何か（自動車事故、シャワールームで転倒、ペットのネズミに絞め殺される）で死ぬほうがずっとありえる。

　でも、宇宙では予想もつかないことが起こるものだし、人類の科学にも限界があるのは覚えておいたほうがいい。地球を狙う大型小惑星が太陽系のどこかに潜んでいるかもしれないし、はるかかなたからまっすぐこっちに向かってくる彗星もあるかもしれない。この混み合った太陽系で確実に予測するなんて難しい注文だ。

　ロシアのチェリャビンスク上空で爆発した小惑星を覚えているかい？　あれはどこからともなくやって来た。危ないって気づいたのは大気圏に突入してからだったんだ。

　たくさんの小天体や惑星が複雑な重力ダンスを踊りながら押し合いへし合いしている、そんな大混乱状態の中で僕たちは暮らしている。衝突やニアミスが起こるたびに我に返って、地球のまわりのことをもっと明らかにできるように科学を後押しするべきだ。また、人類が一つになったらどこまでできるのか、生き延びるた

めに違いを乗り越えられるのか、よく考えておくべきだ。

　僕たちにはその重力ダンスは踊れない。だから恐竜の身に何が
起こったのか忘れちゃいけないんだ。

10
人間の行動は
予測できるの？

君がするいろんな決断についてちょっと考えてみて。たとえば君はこの本を手に取ろうって決めて、ちょうどいまこの箇所を読もうって決めた。そしてまた同じ、この箇所を読もうって決めた。今度はここ。

今度はここ

そこで君は、僕たち2人に操られているんじゃなくて自分で決めているんだってことを証明するために、この箇所を読むのをやめようって思ったかもしれない。なんたって自由意志があるんだからね。そのほうがいいならしばらくページから目を離してもかまわないよ。待っているから。

戻ってきたかい？　いい決断だ（僕たち2人の予想どおりだ）。

みんな、自分の行動は自分で決めているんだって思いたい。僕たちは毎日、何千とは言わないものの何百もの決断をしている。ベッドから起き上がって目覚ましのボタンを押すべきか？　今朝

はシャワーを浴びるべきか？　朝食はベーコンエッグにするか、それとも温かいオートミールにするか？　自分の思うがままなんだから、朝食に海のカキを食べたかったら食べればいい。お勧めはしないけれど君の勝手だ。

　人間の決断なんて前もって決まっているんだとか、予測できるんだなんて言われたら、みんな落ち着かなくなっちゃうんじゃないの？　何かを決断したときには、前もってじゃなくてこの瞬間に決めたんだって思いたい。他人が前もって予想できたはずだなんて思いたくない。

　でも本当にそうなの？　僕たちの決断は本当に予測できないの？　科学が進歩して物理法則がどんどん明らかになると、人間の決断も予測できるんじゃないだろうかって多くの人が考えはじめたんだ。あるいは、実験室から出て哲学の世界で考えたらこんなふうに思ってしまうだろう。僕たちが決断をするときには本当に選択の余地があるんだろうか？　それとも、考える生き物である僕たちの複雑な行動も、突き詰めれば単純で予測可能な法則に行き着くんだろうか？

　その答えは、もしも君が読み進めるって決めたんならこのあと出てくる。でも前もって言っておこう。君はきっとその答えが気に食わないだろう。

脳の物理

　わかっている限り、この宇宙の中にあるものは全部物理法則に従っている。物理法則に従わないものなんていまのところ一つも見つかっていない。人類が発見して何百年ものあいだ発展させてきた物理法則は、細菌やチョウチョからブラックホールまでどんなものにも当てはまるみたいだ。

　そして"君"もこの宇宙の中にあるんだから、物理法則は君にも当てはまるし、君の思考の中心である君の脳にも当てはまる。脳もブラックホールも同じ材料（物質とエネルギー）でできているんだから、ブラックホールに当てはまるのと同じ法則が脳にも当てはまる。

　じゃあ物理学で脳を理解できるっていうの？　君が今日クッキーを何枚食べるのか、代わりにバナナを食べるのかを予測できるような法則があるの？　残念なことに、ニュートンのクッキー第2法則とかアインシュタインのバナナ脳方程式なんてあからさまなものはどこにもない。物理学で脳みたいなものを調べるときには、その代わりに、僕たちが理解できるようなもっと小さくて単純な部分にばらす。そしてそれから全部つなぎ合わせて、全体がどうやって働いているかを考えるんだ。

それはちょうど、君が子供の頃にトースターを分解してどういうしくみなのか調べたみたいなもんだ。トースターと違って君の脳はまた元通りに戻せればいいんだけれど。

脳をばらすといくつかの葉に分かれ、その葉はさらにニューロンに分かれる。ニューロンは、ほかのニューロンからやって来た信号を"オンオフ"する小さな電気スイッチみたいなもんだ。やって来た信号に基づいて、ほかのニューロンに"オン"または"オフ"の信号を送るんだ。

脳全体はそうしたニューロンでできている。860億個のニューロンが100兆本の電線でぐちゃぐちゃにつながっている。シンプルなスイッチでできた巨大ネットワーク、それが君の記憶、君の能力、君の反応、君の思考を形作っているんだ。

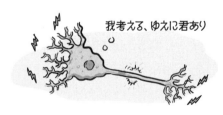

それで話は終わり。君の脳はそんなもの。シンプルなスイッチがたくさんつながっているだけなんだ。

　電気スイッチと同じようにニューロンも、入力と、内蔵されているちっぽけな生物学的回路によって出力が決まる。ニューロンには気分もなければ出来心もない。その気になったから活性化（"発火"）するわけじゃない。遺伝子にプログラムされたルールに従っているだけだ。[29]

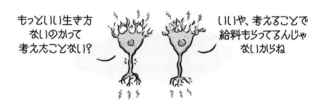

もっといい生き方ないのかって考えたことない？

いいや、考えることで給料もらってるんじゃないからね

　っていうことは、脳は予測可能なの？　ニューロンが単純なルールに従っているとしたら、ニューロンが何をやるのかも予測できるんじゃないの？　そしてニューロンが何をやるのか予測できたら、つながり合ったニューロンの塊が何をやるのかも予測できるんじゃないの？　だとしたら、理屈の上では人間が何をやるのかも予測できるはずだ。

　でもそんな簡単な話じゃない。脳がそこまで簡単には予測できない理由がいくつかあるんだ。それはカオス理論と量子物理学に関係がある。

29　実際にはもうちょっと複雑で、ニューロンは変化したり適応したりできる。でも変化や適応のしかたもルールに則っているから、言いたいことは変わらない。

カオスな脳

　ニューロンは気分屋じゃないけれど敏感なやつだ。

　完璧に調整されたマシンとか厳密なコンピュータプログラムみたいに、完全に機械的なものであっても、いつも同じ結果が出るとは限らない。たとえばコインをトスしても必ず表が出るわけじゃない。コインは空中に投げ上げられてテーブルに当たるときには物理法則に従うけれど、それでも毎回同じ面が出るようにトスするのはすごく難しい。投げ方が少し違っただけですごく敏感に変わってしまうからだ。指がピクッってなったり、風向きが変わったり、テーブルがちょっとででこぼこしていたりするだけで、表と裏どっちが出るかが変わってしまうんだ。

　それと同じようにニューロンも、入力のちょっとした変化にすごく敏感だ。ニューロンはほかのいくつものニューロンから受け取ったオンオフ信号を、各連結の強さに応じて重みづけしてから足し合わせる。その合計がある閾値を超えるとニューロンが活性化して、出力側につながっている全部のニューロンに"オン"という信号を送る。閾値を超えなければ"オフ"のままだ。だから、何千もある入力信号のうちのたった一つか、たった一つの連結の強さが少し変わっただけで、そのニューロンが活性化するか

どうかが変わってしまうことがあるんだ。

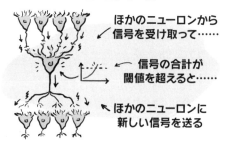

ニューロンゲーム

ほかのニューロンから
信号を受け取って……

信号の合計が
閾値を超えると……

ほかのニューロンに
新しい信号を送る

　ニューロンがたくさんつながるとますます敏感になる。１個の
ニューロンがちょっと変化しただけでその影響が雪崩みたいに広
がって、ネットワーク全体の出力がぜんぜん違ってきてしまう。
そのちょっとした変化によって、たとえば君がクッキーとバナナ
のどっちを選ぶかが変わってしまうんだ。

　小さい変化に敏感なシステムのことを、物理学では"カオス
的"っていう。物理学で天気をうまく予測できないわけもこれと
同じ。１滴の雨粒がどういう振る舞いをするかは予測できるけれ
ど、天気はたくさんの雨粒や空気の分子によって生み出されてい
て、その雨粒や分子はお互いの（および風や山や冷たい空気の塊との）
衝突に敏感だ。その影響は互いに打ち消し合わずに、どんどん足
し合わされて大きくなっていく。ものすごい数の雨粒があったら、
そのうちの１個の運動方向が少し違っていただけで、明日は暴
風雨っていう予想が大外れになってしまうかもしれない。うるさ
く飛び回るチョウチョが羽ばたくだけで全体がすごくカオス的に
なって、予測が不可能になるんだ。

　脳も暴風雨と同じようにカオス的だ。1個のニューロンの振る舞いを予測しようとしたらすごくうまくいくかもしれない。でもその予測が完璧じゃなかったとしたら？

　たとえば1個のニューロンに対する君のモデルが99%正確だったとしよう（数学で99点取ったらA+だ）。でも99%正しいってことは、1%は間違っていることになる。そして次の一連のニューロンについて予測しようとすると、そのエラーが広がって大きくなっていく。それを860億個のニューロンに当てはめたら、君の脳の振る舞いを予測しようとしてもぜんぜんうまくいかないのは当たり前だ。

　でもいずれは科学によって、天気を予測する方法まで明らかになるかもしれない。十分に強力なコンピュータ（そして十分な時間）があれば、理屈上はどんなことでも完璧にシミュレートできる。実際に世界中のスーパーコンピュータの大部分は、どんどん正確な地球の気象モデル作りに使われている。未来の超大型・超強力コンピュータだったら、脳の中にあるすべてのニューロンと神経連結を分子レベルの正確さで完璧にシミュレートできるかもしれない。

　っていうことは、いずれ科学者は何か新型スーパーコンピュー

タを組み立てて、君の脳のモデルを作り、君がおやつに何を食べるかを予測できるようになるの？　もしも君の脳が量子力学的だったらそれは無理なんだ。

君の量子的な脳

　カオス的だったら君の脳は予測不可能だってことになるんだろうか？　そうとも限らない。カオス的っていうだけで予測不可能にはならない。難しいかもしれないけれど予測は可能だ。そもそも物理法則に従っているんだし、その物理法則はシミュレートして予測することができるんだから。

　でもその物理法則自体のせいで予測不可能になるとしたら？

　現実世界のベールを何枚かめくって、身の回りのあらゆるものを作っている素粒子に目を向けると、この宇宙の奇妙な特徴が見えてくる。完璧なマシンやコンピュータプログラムに当てはまる法則は、量子的な粒子には当てはまらないんだ。

　あるシステムに同じ入力をすれば同じ出力が出てくるのが理想だけれど、電子みたいな量子的粒子だとそうはいかない。いったいどういうことだろう？　量子的粒子をまったく同じようにつついても、いつも同じ反応をするとは限らない。跳ね返ってくることもあれば、完全に無視することもあるんだ。

気まぐれな量子

なんでそんなことになるの？　電子も物理法則に従っているけれど、その従い方が変わっている。量子物理学の法則は、一個一個の電子に何が起こるかを正確に指定してはいない。どういうことが起こり**そう**かを指定しているだけなんだ。1個の電子に**実際**に起こることは、起こりえることのリストの中からランダムに選び出される。つまり量子レベルの物理法則からは、**実際**に何が起こるのかはわからない。何が**起こりえる**のか、そしてどんな確率で起こるのかしかわからないんだ。

同じ電子を同じように何回かつつくと、そのたびに違う結果になる。[30] でも何回も何回もつつけばパターンが見えてくる（たとえば 100 回中 75 回は跳ね返ってきて、残り 25 回は無視する）。そのパターンは物理法則で予測できる。でも 1 回つついたときにその電子がどういう振る舞いをするかは、物理法則では決まらない。この宇宙（電子自体じゃない）が下す完全にランダムな選択によって決まるんだ。

30　同じことを何回もやってそのたびに違う結果になったら、おかしいって後ろ指を指されそうだ。でも量子の世界なら正気なんだ。

　どうかしているみたいだし、実際にどうかしている。僕たちは
因果関係がはっきりしている事柄に慣れきっている。椅子を押し
たらその椅子は押した方向に動く。でもそうなるのはマクロなレ
ベルだけだ。ミクロなレベルで起こる出来事は本当にランダムな
んだ。

　ニューロンも量子的粒子でできているから、これはすごく大事
な話だ。それどころか、君が知っているどんなものも量子的粒子
でできていて予測不可能なんだ。

えっ、なんだって？

　ちょっとわけわからないって？　たったいま言ったとおり、ニ
ューロンは量子的粒子でできていて、量子的粒子はランダム（だ
から予測不可能）だ。っていうことは、ニューロンも予測不可能な
の？

　やっぱりそうとも限らないんだ。

　あたりを見回してみても、不思議な量子的効果が起こっている
なんてぜんぜん気づかない。クッキーが袋の中からふいに姿を消
して、量子トンネル効果で君の胃袋の中に突然出現するなんてこ

とは起こらない。クッキーみたいな大きな物体は予測可能な法則に従っているみたいだ。じゃあどうして大きい物体と小さい物体ではこんなに違うんだろう？

　2つ理由がある。(a) 量子的粒子のランダムさはクッキーに比べてものすごく小さいことと、(b) ほとんどの物体ではランダムさが均<ruby>されて<rt>なら</rt></ruby>消えてしまうことだ。一つずつ話していこう。

量子的粒子のランダムさはすごく小さい

　量子的粒子はクッキーとかニューロンに比べてとてつもなく小さい。ニューロン1個だけでも 10^{27} 個以上の素粒子でできている。だから粒子1個の量子ゆらぎ（ここに動くかあそこに動くか）はすごく小さくて、大きな違いは生み出しそうにない。たとえば君の身体の中の細胞1個が少しだけ右に動いたら、君は何か感じるだろうか？　きっと感じないだろう。

ねぇ！
クッキー取ってよ！

量子的なランダムさは均されてしまう

　ニューロンの中にある全素粒子の量子ゆらぎはたぶん打ち消し合ってしまう。ニューロンの中に不思議な量子的効果で右に動いた粒子が1個あっても、どれか別の粒子が左に動いて打ち消されてしまうだろう。つまり予測不可能なちょっとした量子的動きがあっても、それ以外の全粒子の動きに飲み込まれてしまうんだ。

　以上２つの理由は、量子的粒子よりもずっと大きいどんな物体にも当てはまる。物理学者が量子力学をなかなか発見できなかったのもそのせいだ。量子力学はものすごく小さい物体にしか現れないからだ。もしもバスケットボールや雨粒が突然逸れたりでたらめに動いたりしていたら、量子力学はもっとずっと早く見つかっていただろう。

　でも量子的な効果が小さくてたいてい均されてしまうからといって、完全に無視していいわけじゃない。ニューロンみたいな大きい物体は量子のランダムさにぜんぜん影響されないんだろうか？　実はよくわかっていないんだ！

　ニューロンがランダムな量子ゆらぎに敏感で、ニューロンが活性化するかどうかが量子ゆらぎによって違ってしまうっていうのもありえる話なんだ。もしそうだとすると、僕たちの脳回路の中にはランダムさが備わっていて、人が何を考えて何をするかは絶対に予測できないっていうことになりそうだ。

　残念なことに、ニューロンが量子的なランダムさに敏感だっていう証拠はいまのところぜんぜんない。この説を信じている有名物理学者もいるけれど、実験でニューロンが量子的なランダムさを持っていることが証明されたことはまだない。意識とか自由意志といった哲学的概念を量子的なランダムさと結びつけようとし

ている物理学者もいる。でもいまのところ、ナイジェリアから来るスパムメールくらいの説得力しかない。

やぁ！　ナイジェリアの物理学者だ。意識の存在を証明するために100万ドル送金してくれないかい？

わかった？

　話をまとめると、君の脳はカオス的でしかも量子的だ。でもだからといって、君の行動がどこまで予測可能なのかはよくわからない。

　もしも脳が量子的な効果に敏感だったら、君の決断にはランダムな面があって予測不可能だっていうことになる。難しいどころか不可能だ。君が次に何をするかはまさに誰にもわからないんだ。

　たとえ君の脳が量子的な効果に敏感じゃなかったとしても、カオス理論のせいで、君が何を考えて何をするかを予測するのは、誰にとっても何にとってもほとんど不可能だ。理屈の上では、君の860億個のニューロンと100兆か所の神経連結を完璧にシミュレートすることは可能かもしれない。でも近い未来のうちに実際にやるのはほとんど不可能だ。

　だからいまのところ、君の脳（そして君自身）は予測不可能だから安心して。でも、そうだったら自分で自分の決断をコントロールしているって言っていいの？

　他人が予測できないのと、自分で決められるのとはちょっと違う。ランダムであるのと、コントロールしているのとは違う。君の脳がランダムだからといって、君自身があらゆる決断をしていることにはならない。宇宙がさいころを振って、君が何をするかを決めているだけだ。もしかしたら君にとっての"君らしさ"は、ほかのみんなにとっての"君らしさ"と同じなのかもしれない。君（そして僕たち）は宇宙そのものなんだ。

　オカルトめいたこの結論に目を丸くした君、次に君がやることは完全にお見通しだ。この章を読むのをやめるだろうね。

11
宇宙はどこから生まれたの？

美しい夜空を見上げたり、ミクロな世界の繊細な美しさに驚いたりしたら、こう思わずにはいられない。どこから生まれたんだろう？　そもそもどうして宇宙は存在するんだろう？何が、または誰が作ったんだろう？

カスタマーレビュー：
誰が宇宙を作ったか
しらんけど、ヤバい
やつだ！

　人は大昔から宇宙のすごさに驚いて、その始まりについてあれこれ考えてきた。もちろん物理学とかマンガとかが生まれるずっと前から。僕たちがどうして存在するかのヒントになりそうな大事な問題だ。僕たちがどうやって生まれたかを知りたいのは、どうして僕たちがいるのか、どうやって生きていけばいいのかがわかるかもしれないからだ。宇宙がどこから生まれたかがわかれば、人生の送り方が変わるかもしれない。

　じゃあこの最大の疑問について、実際に物理学ではどんなこと

がわかっているんだろう？

始まり

　宇宙がどこからどうやって生まれたのかって聞く前に、少し考えないといけないことがある。まず考えないといけないのは、この宇宙はあるときに誕生したのか、それともずっと存在しつづけているのかだ。

　この疑問について物理学者がいろんなことを言っているって聞いたら、きっとびっくりするかもしれない。でも残念なことに、あんまり話はまとまっていない。それどころか、この宇宙に関する2つの大理論、量子力学と相対性理論とでは話の方向がぜんぜん違ってくるんだ。

宇宙が生まれたのは……
こっちだ！

量子力学の宇宙

　量子力学によると、この宇宙は僕たちには馴染みのない法則に従っているそうだ。素粒子やエネルギーは奇妙で不確かな形に振る舞うんだっていうんだ。すごく困るけれど、ありがたいことにいまの問題にはあんまり関係ない。宇宙の過去と未来については、

量子力学はすごくはっきりしているんだ。

　量子力学では出来事を量子状態によって表す。量子状態がわかると、君が量子的な物体と作用しあったときに何が起こりそうか、その確率がわかる。たとえば粒子がある位置に存在する確率がわかる。いまどこにあるかはわからないかもしれないけれど、どこにありそうかはわかる。

　量子状態がおもしろいのは、ある量子的な物体の今日の状態がわかれば、そこから明日の状態が予想できることだ。2週間後でも、10億年後でもだいじょうぶ。量子力学で一番有名な方程式であるシュレディンガー方程式は、猫と箱についての式じゃない。宇宙についていまわかっていることに基づいて未来を予想する方法になるんだ。過去もOK。現在についてわかっていることに基づいて、過去の宇宙がどうだったかがわかるんだ。

シュレディンガーの
サーベルタイガー

　量子力学によると、この予測力に時間的な限界はない。量子情報が消えることは絶対になくて、新しい量子状態に変わるだけだっていう根本原理がある。今日の宇宙の量子状態がわかれば、いつの時代の量子状態でも計算できる。量子力学では、この宇宙は過去にも未来にも永遠に続いているんだ。

　だとしたら話はすごく単純。この宇宙は過去もずっと存在してきたし、未来もずっと存在しつづける。量子力学についての僕た

ちの理解が正しければ、この宇宙に始まりはないんだ。

相対性理論の宇宙

　でもアインシュタインの相対性理論だと話はぜんぜん違ってくる。量子力学の1つの問題が、空間は舞台の奥に固定された背景幕みたいに"静的"で、そこに粒子とか場とかを吊していくもんだって決めつけていることだ。相対性理論だとそれはすごく間違っている。

　相対性理論によると、空間は"動的"で、ゆがんだり伸びたり縮んだりする。ブラックホールや太陽みたいな重い天体のまわりでは空間がゆがんでいて、それは実際に見ることができる。また空間全体は膨張しているという。空間はただののっぺらぼうじゃない。重いもののせいでところどころゆがんだり、どんどん大きくなったりしているんだ。

　これは相対性理論から最初に数学的に導き出されたとんでもない結論だけれど、いまでは観測で証明されている。望遠鏡で観測すると、遠くの銀河が毎年どんどん加速しながら遠ざかっているのがわかる。気体が膨張すると冷えるのと同じように、この宇宙はどんどんスカスカで冷たくなっていくらしいんだ。

　そこから宇宙の始まりについてどんなことが言えるだろう？

時計の針を巻き戻していくと、かつて宇宙はもっと熱くて混み合っていたって予想できる。そして十分に時間をさかのぼると、特別な点にたどり着く。それを特異点（とくいてん）っていう。

　特異点では宇宙の密度があまりにも高くて、相対性理論で計算するとちょっとおかしなことになる。あまりにも密度が高くなって空間があまりにも激しくゆがみ、密度が無限大になってしまうんだ。

赤ちゃんの頃は
かわいかったんじゃない？

　相対性理論によるこの考え方だと、宇宙には何かしらの始まりがあったか、または少なくとも特別な瞬間があったっていうことになる。空間を含めまわりに見えるどんなものも、その瞬間に生まれたんだ。残念なことに相対性理論ではその瞬間に何が起こったのかはわからないけれど、その瞬間がそれ以降の時代と違っていたことはわかる。その瞬間が壁みたいに立ち塞がっていて、相対性理論ではそれより過去は説明できないんだ。

パパ、ママ、
赤ちゃん宇宙は
どうやって生まれるの？

えーと
ねぇ……

どっちが正しいの？

　このように現代物理学を支える2本の柱では、宇宙の始まりについてそれぞれぜんぜん違う話になってくる。量子力学によると、宇宙は永遠でずっと存在してきたっていう。でも相対性理論によると、宇宙は140億年前の密度無限大の点から生まれたっていうんだ。

　宇宙には量子力学では説明できないことがあるから、量子力学が完全には正しくないことはわかっている。たとえば重力とか空間のゆがみは量子力学では表せない。でも、相対性理論も完全には正しくないことがわかっている。特異点で成り立たなくなってしまうし、この宇宙の量子的な性質は無視しているからだ。

　だから宇宙の始まりについての疑問に答えるためには、当然新しい理論が必要になってくる。宇宙が生まれたばかりの頃を説明できて、量子力学と相対性理論のいいとこ取りをした理論だ。いつかそんな新理論が手に入ったら、もっと大きな疑問にも答えられるかもしれない。宇宙はどこからどうやって生まれたのかっていう疑問だ。

どんな理論がありえるんだろう？

　量子力学と相対性理論を統一した実際に使える理論はまだできていないけれど、発展中のいろんなアイデアならある。弦理論とかループ量子重力理論とか、もっと変な名前のもっとぶっ飛んだアイデアの数々だ（幾何力学とか？）。

　それらのアイデアはだいたい次の3タイプに分けられる。

　（1）量子力学はほとんど正しい

　（2）相対性理論はほとんど正しい

　（3）どっちも正しくない

　いまからそれぞれ説明して、宇宙の始まりについてどんなことが言えるのか見ていこう。

量子力学はほとんど正しい

　1つ考えられるのが、量子力学はほとんど正しくて、この宇宙は過去も未来もずっと存在しつづけているっていう可能性だ。もちろん量子力学の宇宙観で一番大きな問題なのは、空間が膨張して変化しているのを説明できないこと、そして140億年前に宇宙が超高温・超高密度状態だったのを説明できないことだ。

　量子力学をほとんど変えずに、空間の変化についての量子力学的な説明を付け加えられたとしたら？　そうすれば僕たちの探し

ている答えが見つかるかもしれない。

**量子にスパイスを
かける**

　そのために空間を違う形でとらえようとしている物理学者がいる。僕たちは空間を何か基本的なものだって考えている。空間の中に物体が存在していて、空間があるおかげで物体は位置を取ったり動き回ったりできるっていう考え方だ。わかっている限り、空間は何か別のものの中にあるわけじゃない。

　でもそれが正しくなかったとしたら？　空間よりももっと根本的で基本的なものがあったとしたら？　実は空間はもっと小さい量子的なかけらでできていて、そのかけらが組み合わさることで空間の見慣れた性質が表れているんだとしたら？

　この手の考え方は昔から物理学にあって、それを"創発現象"っていう。たとえば液体の水と水蒸気と氷は、どれも同じものの創発現象である。どれも水分子でできていて、温度と圧力によってその相互作用のしかたが違ってくるんだ。それと同じように空間自体も創発したものであって、この宇宙の基本的な部品、超基本的なかけらがつながり合ってできているのかもしれない。

　宇宙を作るその量子的なかけらって何だろう？　理論ごとにそれぞれ違うけれど、こんなことが言える。

⒜ 一つ一つのかけらは位置に相当する。それぞれの位置に素粒子や場、そして君やいろんな物体が存在できる。

⒝ そのかけらは整然と並んではいない。どこかに一列に並んでいるんじゃなくて、量子の泡みたいな感じで存在している。

⒞ かけらどうしは“もつれ”っていう量子的な関係にある。一方に起こりえることがもう一方に起こりえることに影響を与えるっていう関係だ。

　これらの理論によると、僕たちが宇宙って呼んでいるのは、実はこうした量子のかけらが特別な形でつながり合ったネットワークなんだそうだ。そして僕たちが“空間”だと思っているのは、このネットワークの中でかけらどうしがどのくらい強い関係にあるのかにすぎないんだっていう。

　たとえば互いに強くもつれあっている2つの量子のかけらは、僕たちが互いに近いと思っている2つの位置に対応する。弱くもつれあっているかけらは、僕たちが互いに離れていると思っている位置に対応する。こうして量子のかけらがつながり合うことで、空間が創発するっていうんだ。

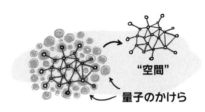

"空間"

量子のかけら

この説は宇宙で起こっていることにちゃんと当てはまっていて、量子力学の見方からすると理屈に合っている。互いに近くにある（強くもつれあっている）物体どうしは影響をおよぼし合いやすいし、遠く離れたもの（弱くもつれあっている）物体どうしは影響をおよぼし合いにくい。

たとえば宇宙の反対端で超新星爆発が起こっても、君はそんなの無視してランチを楽しめる。でも近くの恒星が超新星爆発したら、君のランチはカリカリに焦げてしまう（君もだ）。

やぁ、お隣さん! おーい、どこ行ったの?

またこの説だと空間がしなやかになるから、相対性理論の見方からしても理屈に合っている。空間のゆがみは、重い天体の近くで量子のかけらどうしの関係性（もつれ）が一時的に変化することとして説明できる。宇宙が膨張していることも説明できる。現在のネットワークに新しい量子のかけらがどんどんもつれていって空間が増えていき、それを僕たちは宇宙が大きくなっているっ

てとらえるんだ。

　ぶっ飛んだ説に聞こえるかもしれないけれど、「宇宙はどこから生まれたの」っていう疑問にはっきりした答えを出してくれる。この説によると、宇宙はこの量子のかけらに満ちたもっと大きいメタ宇宙から生まれたんだという。僕たちが"空間"って呼んでいるのは、実はたまたまつながり合った量子のかけらの集まりでしかないっていうんだ。

　この説からはいくつかおもしろい結論が導き出される。この宇宙がメタ宇宙の中にある量子のかけらの集まりだったとしたら、どこかに別の宇宙が存在しているだろう。僕たちの宇宙と並んで別の宇宙が存在していて、それぞれの宇宙で量子のかけらのつながり方が違うっていうことになる。また、どの宇宙にもつながっていない空間がどこかにたくさんあるのかもしれない。その泡々の中には、どこにもつながっていないか、またはめちゃくちゃにつながっている量子のかけらもあるかもしれない。つまり宇宙じゃない空間がたくさん存在しているのかもしれない。

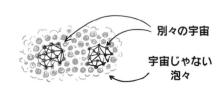

もちろん、この宇宙がどこから生まれたのかっていう疑問に答えられたとしても、この説からはもっとたくさん疑問が出てきてしまう。その量子のかけらって何なの？　それはどこから生まれたの？　何が原因でこの宇宙は作られたの？　そしてメタ宇宙はどこから生まれたの？

相対性理論はほとんど正しい

もう一つありえるのは、相対性理論がほとんど正しくて、実際にこの宇宙は140億年前に起こったたった1回の出来事（"特異点"）から生まれたっていう可能性だ。でもそれを、量子力学や、この宇宙はずっと存在しつづけてきたっていう考え方とつじつま合わせするにはどうしたらいいんだろう？

相対性理論とそれから予想される特異点には、もう一つ問題がある。量子力学によると特異点なんてありえないんだ。量子力学で一番大事なハイゼンベルクの不確定性原理によると、そんなに小さいサイズまで細かくできるものなんて存在しない。どんなものでも不確かさをある程度以上小さくすることはできないし、物質とエネルギーを詰め込めば詰め込むほどその効果は強まっていく。だとしたら、宇宙全体を無限に小さい点の中に詰め込むなんて考えようがないんだ。

実は量子力学によるこのしばりに抜け穴を見つけて、相対性理論に基づく宇宙の誕生物語にいくつかひねりを加えている物理学者がいる。

1つめに、特異点はぼんやりしていてもかまわないって考える。この宇宙は1つの点から始まったんじゃなくて、ぼんやりした

空間と時間の一角から始まったのかもしれない。つまり、この宇宙は最初からずっと量子的だったのかもしれないっていうことだ。そう考えれば、相対性理論を悩ませていた、密度無限大の点を数学的に表すっていう困った問題を避けられる。

宇宙のぼんやりしたへそ

　２つめに、「量子力学ではこの宇宙はずっと存在しつづけてきた」の「ずっと」っていう言葉を少しいじると、相対性理論とつじつまが合うようになる。相対性理論の特異点の概念にたくさんの人が頭を抱えているのは、それが時間の境界、端っこになっているからだ。時間が終わるっていうことで、特異点より先にはもう時間は存在しない。でも、時間はずっと存在しつづけると同時に、終わりもあるとしたらどうだろう？

　そういうふうにする方法をスティーヴン・ホーキングたちが考え出した。時間自体もぼんやりした特異点から作られたんだとしたら？　"無境界仮説"って呼ばれるこの考え方では、時間は一直線に進むんじゃなくて周回するものだってみなす。そうすると、ぼんやりした特異点より前の時間について話しても意味はない。そこにはもともと時間が存在しないからだ。

　この説によると、時間はこのぼんやりした特異点の中で回転し

て、虚から実になった。ホーキングはそれを、北極点の北には何
があるのか聞くみたいなもんだってたとえている。ぼんやりした
特異点は時間の北極点みたいなもので、それよりも前に何があっ
たのかなんて聞くのは無意味なんだ。

　というように、もしも相対性理論が正しかったら、この宇宙は
どこからか生まれたんじゃないっていうことになる。言ってみれ
ば自分自身から生まれたんだ。時間と空間は一緒に始まったんだ
から、その前に何があったかなんて考えるのは意味がない。相対
性理論によると、この宇宙そのものが宇宙の始まりなんだ。

どっちも正しくない

　最後にありえるのは、量子力学も相対性理論も正しくないって
いう可能性だ。この宇宙はずっと存在しつづけている（量子力学）
わけでもないし、"始まり"（相対性理論）もなかったかもしれな
いんだ。

　物理学では、問題が間違っていたから無意味な答えが出てきて
しまったっていうことがよくある。たとえば「宇宙はどこから生
まれたの」って聞くのは、宇宙はどこからか生まれたはずだって
決めつけていることになる。しかも、条件によってはこの宇宙が

存在していなかったこともありえるんだって決めつけている。

　でももしも宇宙がすべてだったら？　宇宙は存在していなけれ
ばならなくて、宇宙が存在しないっていう別の道はありえないと
したら？

　哲学的な謎かけみたいに聞こえるかもしれないけれど、実は数
学で裏付けることができる。それどころか一番数学的な説だ。も
しもこの宇宙自体が数学的だったとしたら？

　物理学では数学を使って宇宙の法則を記述する。数学は物理学
の言語だ。でももしも、数学が単に星を数えたり物理の問題を解
いたりする便利な道具以上のものだったとしたら？　数学はこの
宇宙を記述しているんじゃなくて、数学自体が宇宙だったとした
ら？

　この考え方だと、この宇宙は1つの数式、論理と可能性の概
念そのものだっていうことになる。2という数や3+7＝10とい
う等式が存在するのと同じ意味で、宇宙も存在するっていうこと
だ。「どうして2っていう数が存在するの」とか「2っていう数
はどこから生まれたの」なんて聞く人はいない。2は2だ。それ
と同じように、この宇宙は数学的にできているから存在している
んだって言っている物理学者や哲学者がいる。この宇宙を表す物
理法則は、つじつまが合っているから存在しているっていうんだ。

　それどころか彼ら物理学者は、数学的につじつまの合うどんな物理法則も実際に存在しているはずだって考えている。たとえば重力が3倍強い物理法則とか、自然界の基本的な力が5種類ある物理法則なんてものも存在するかもしれない。彼らによると、その方程式が成り立っていて論理的に矛盾がなければ、そういう宇宙も存在しているはずだ。すべての数やすべての論理的な等式（1 + 1 = 2とか）が存在しているのと同じように、つじつまの合ったすべての宇宙が存在しているはずだ。つじつまの合わない物理法則を持った宇宙はシュルシュルって消えてしまうか、またはけっして生まれないんだ。

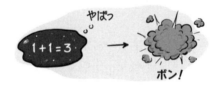

　本当なの？　もしかしたら本当かもしれない。ただ多くの物理学者は、宇宙の数学的なルールを作る方法がたくさんありすぎるからっていうことで、この説を疑っている。たとえば量子重力理論の候補である弦理論には 10^{500} 通りもバリエーションがあって、それが全部この宇宙とつじつまが合っているんだ。

　でもそれは、理論が未完成だからなのかもしれない。いつか自然法則を完全に理解できたら、数学的にありえる宇宙は1つしかないって教えてくれる理論が1つだけ見つかるかもしれない。だとしたら、この宇宙は存在していないといけないっていうだけじゃなくて、これしか存在する方法がないっていうことになる。

何もないところから
何かが生まれるなんてありえるの？

　きっと多くの人は、この根源的な疑問の答えがわかると思って
この章を読みはじめたんだと思う。でも残念なことに、ほとんど
の理論だと、宇宙はどこからか生まれたわけじゃないっていうこ
とになりそうだ。ずっと存在しつづけてきたのかもしれないし、
存在していないといけないのかもしれないし、どこから生まれた
のかなんて聞くのすら無意味なのかもしれない。

　だからこそ物理学者はこの疑問をはぐらかしたがるんだろう。
そもそも、この宇宙が何かから生まれたんだってわかったら、
「じゃあその何かはどこから生まれたの」って聞くしかなくなる。
堂々巡りになってしまうんだ。

　でもこの疑問をはぐらかすのはちょっとまずい。僕たちはどん
なものでも何かから生まれたはずだって心の底から思い込んでい
るんだから。

　僕たちは学校でも社会でも、この宇宙にただで手に入るものな
んて一つもないってことを学んでいく。エネルギーは必ず保存さ
れるし、どこからともなく魔法のように物体が出現することもな
いって教わる。どんなものにも必ず原因があるし、僕たち人間の

脳はその原因を探すように進化している。

　でも実はここ数年で、この根本的な考え方すらも正しいとは限らないっていうことがわかってきた。宇宙を見渡すとわかるように、空間はせっせと膨張していて、つねに新しい空間が作られつづけている。その新しい空間は空っぽじゃなくて、真空エネルギーっていうもので満ちている。そのエネルギーによって新しい素粒子がポッと現れて、この宇宙に新しいエネルギーと物質を提供してくれるんだ。

　だとすると2つ言えることがある。1つめ、この宇宙はいまも生まれている最中だ（つまりどこからか誕生しつづけている途中だ）。2つめ、エネルギーがひとりでに現れることはありえる。僕たちが話しているこの最中にもそこいらじゅうで現れているんだ。

　だとすると、「宇宙はどこから生まれたの」っていう聞き方よりももっといい聞き方があるのかもしれない。宇宙が存在しているのは、僕たちが宇宙のすごさに驚いて宇宙からいろんなことを学んでいるから、ただそれだけなのかもしれない。

　本当に聞かないといけないのは、「宇宙とどうやって付き合っていくか」っていう疑問なのかもしれない。

12
時間はいつか止まるの？

どんなことだっていつかは終わりが来る。

だらだらした夏の午後、箱に入ったクッキー、冬の大吹雪、傷ついた心、永遠に続くことなんてない。時間は進み、喜びも悲しみも過去に消えていって、現在に取って代わられる。絶対に終わらないものが一つあるとしたら、それは時間そのものだ。

いつか時間は終わるの？　少なくとも時間を止めることはできるの？　わかったらすごいじゃないか。人生設計の役に立つだろうし、ときどきポーズボタンを押して楽しい瞬間や大事な瞬間をじっくり堪能できるかもしれない。

でも時間を止めることなんてできるの？　時間はいつか終わるの？　それとも無限の未来に向かって永遠に進みつづけるの？いつか時間は時間切れになるの？

時間が終わるなんてありえるの？

残念なことに、時間についてはわかっていないことがたくさんある。物理学では、時間は宇宙のいろんな状態をつないでいるものだって考える。たとえばここ地球上でボールを真上に投げ上げると、しばらく時間が経ってから最初の位置に戻ってくる。物理学ではそれがすべて。時間が進むにつれて宇宙がどういうふうに変わっていくかを表すだけだ。物理法則を使えば、時間の流れとともに何が起こりえるか、何が起こりえないかがわかる。

でも時間が終わったり止まったりするなんてありえるんだろうか？　その答えは、「時間が止まる」っていう言葉の意味で違ってくるかもしれない。何通りか考えられる意味を探っていこう。

「それ以上は法則が成り立たない」っていう意味？

時間は、宇宙が取りうるいろんな状態を秩序正しくつないでくれている。だから時間が止まったら、ルールなんてどこかに吹っ飛んでしまうかもしれない。物理法則は時間を前提にしていて、時間が進むにつれて何が起こるかを決めているんだから、時間が終わったら"秩序"も死んでしまうだろう。因果関係<ruby>は意味がなくなる<rt>いん が かんけい</rt></ruby>し、宇宙は完全にめちゃくちゃな状態になるんだ。秩序が死ぬなんて考えたくもない。

「それ以上変化しない」っていう意味？

あるいは時間の終わりっていうのは、それ以上は宇宙が変化しないっていう意味かもしれない。時間のおかげで宇宙が変化できるんだとしたら、時間が止まれば宇宙は“フリーズ”してしまうかもしれない。どんな状態にあっても（ボールが空中を飛んでいる、雲から雷が落ちている、恒星が収縮してブラックホールになっている、などなど）、その状態で固まってしまう。しかも永遠にだ。

時間がしばらくのあいだ止まってからまた動き出すなんてありえるだろうか？　そのためには、どこか外にある時計がそのフリーズした瞬間の数を数えていないといけない（詳しくはのちほど）。でも時間がフリーズしたらすべての時計がフリーズして、宇宙は二度と復活しないかもしれない。

「一巻の終わり」っていう意味？

時間のない宇宙なんてなかなか想像できない。相対性理論によると時間と空間はすごく深い関係にあって、ひとまとめに“時

空"ととらえたほうがいいらしい。っていうことは、時間と空間はしっかり結びついているか、または同じものなのかもしれない。もっと言うと、そもそも宇宙が存在していることも時間自体が存在していることと関係があって、時間がなければ宇宙は存在しないのかもしれない。だとすると、時間が終わるのは宇宙全体が終わるときだけなのかもしれない。

　この３つのどの可能性を考えても、時間と宇宙についてのもっと根源的な疑問が浮かび上がってくる。時間がなくても宇宙は存在できるの？　つまり時間が存在しないなんてありえるの？
　それに答えるために、時間についてわかっていることをまとめておこう。

時間についてわかっていること

　実は物理学では、時間っていうテーマについてはあんまりよくわかっていない。宇宙の成り立ちについての理論に時間はすごくしっかりと組み込まれている。だから、「時間のない宇宙は存在しえるのか」なんていう疑問をちょっとでも前進させた科学者はほとんどいない。考えてみて。その疑問を調べるためにどんな実

験をするにしても、そもそも時間が必要だ。ある出来事の前と後で実験結果を比べないといけないけれど、時間がなかったら"前"と"後"なんていう言葉は意味がない。だいたい実験を考えつくだけでも時間がかかるじゃないか！

　でも物理学者は時間をかけて（ジョークじゃないからね）、時間の正体と、時間と宇宙の関係についていくつか大事な手掛かりをつかんできた。こんなことがわかってきたんだ。

　（a）時間には（何かしらの）始まりがあった。

　（b）時間は相対的である。

　（c）時間なんてないのかもしれない。

これらの手掛かりを一つずつたぐっていってみよう。

時間には（何かしらの）始まりがあった

　最近までほとんどの科学者は、この宇宙は無限に古くて静的だって信じていた。つまり、宇宙はずっといまと同じように存在してきたし、それから考えるとこれからもずっと存在しつづけるだろうっていうことだ。夜空を見上げるとほとんど何も動いていないみたいに見える。季節ごとに恒星の位置は変化するけれど、去年と今年とで、100年前といまとで変わったようには見えない。宇宙はずっとこういう姿で、空間に星々がじっと吊り下げられているだけだっていうのは、自然な感覚だったんだ。

　でも天文学者は宇宙をもっと詳しく観測して、いくつかショッキングな事実を発見した。遠くの恒星までの距離を測定するテクニックを使って、ガスの雲だと考えられていたぼんやりしたしみのいくつかが実は銀河だったことを発見したんだ。しかもそれらの銀河はありえないくらい遠くにあった。さらに驚くことに、それらの銀河からやって来る光は色がずれていて、銀河が地球から遠ざかっていることがわかった。宇宙は思っていたよりもずっと大きくて、しかもせっせと大きくなっているらしいんだ。

　僕たちは突然、この宇宙は空間に星々が固定されている静的な場所じゃなかったんだって知った。宇宙は膨張して変化しているんだ。さらに、宇宙はどんどん冷えて密度が下がっていることもわかった。そうして人類は、宇宙と宇宙の歴史についてまったく新しい見方にたどり着いた。いま宇宙が膨張して冷えつづけているとしたら、かつてはどんなふうだったんだろう？　時間を巻き戻したら、若い頃の宇宙はもっと密度が高くて熱かったって想像できる。でも永遠にさかのぼることなんてできない。

　時間を巻き戻していくと、どこかの時点で宇宙がものすごく小さく熱くなって、密度が無限大の点、"特異点"に行き着いてしまう。宇宙の過去をさかのぼっていくとたどり着くこの特異点では、宇宙について僕たちが持っている理論が全部成り立たなくなってしまう。物質のまわりで空間がどういうふうにゆがむかを教えてくれる一般相対性理論でも、ゆがみ具合が無限大になってしまう特異点を説明することはできない。そんなとてつもない条件で時間と空間がどうなるのかなんてわからないんだ。でも宇宙の年表の始まりは確かに特異点だったのかもしれない。

　さらに、一般相対性理論と量子力学を統一しようとするいくつかの理論によると、この特異点は時間的に特別な瞬間っていうだけじゃないのかもしれない。空間と時間はしっかりからみ合っているから、この瞬間に時間自体が始まったって考えられるんだそうだ。つまり時間の始まりだっていうことだ。

　もしも時間に始まりがあったとしたら、終わりもあるんだろうか？

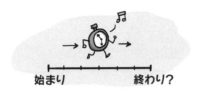

始まり　　　　　　終わり？

時間は相対的である

　時間には不思議な性質がたくさんあるのがわかっている。その極めつけが、時間はどこでも同じ速さで流れるわけじゃないってことだ。場所によって時間が速く流れたり遅く流れたりしているんだ。信じられないけれど、物理学によると宇宙全体のテンポを決めているマスター時計なんてものはない。空間内のどの点も自分の時計を持っていて、その針が速く進むか遅く進むかは、君がどんなスピードで動いているかと、ブラックホールみたいな重い天体のどれだけ近くにいるかで決まる。誰かが君のそばを超高速で通り過ぎたら、君から見てその人の時計は君の時計よりもゆっくり進んでいるように見える。誰かがブラックホールの近くにいて君が遠く離れたところにいる場合も、君から見てその人の時計は君の時計よりもゆっくり進んでいるように見える。

　っていうことは、君にとっての時間がゆっくりになって、君は時間がゆっくりになったって感じることもあるっていうの？　そう思う人が多いけれど、それは誤解だ。君はそんなふうには感じない。君のほうが誰かのそばを猛スピードで通り過ぎたり、重い天体の近くにいたりすると、ほかの人には君の時計がゆっくり進んでいるように見えるけれど、君はずっとふつうに時間が流れているって感じるんだ。

　あくまでも、時計に対して君がどこにいて、どのくらいのスピードで運動しているかで全部決まる。時計を持って宇宙船に乗り込んだら、君はその時計に対して運動していない。ブラックホールのそばに行っても、その時計は君のそばにある。どっちの場合も、君が見たところその時計はふつうに進んでいるように見える。でも地球に残していった誰かが見たら、その人は君と一緒じゃないから、君の時計はゆっくり進んでいるように見えるんだ。

　っていうことは、時間が止まったり終わったりすることがあるんだろうか？　そうとも限らないんだ。

　光の速さの半分のスピードで飛んでいる宇宙船の中の時間は、約15％ゆっくり進んでいるように見える。光の速さの90％だと2倍ちょっとの遅さ、99.5％だと10倍近い遅さになる。地球上で10時間経っても、その宇宙船の時計だと1時間しか経っていないように見える。宇宙船を加速すれば時計の進み方をいくらでもゆっくりにできるけれど、完全に止めることは絶対にできない。宇宙船に載せた時計で計る時間を止めるためにはぴったり光の速さで飛ばないといけないけれど、質量を持った物体ではそれは不可能なんだ。[31]

　また遠くから見ている人にとっては、君がブラックホールに近

づいていくにつれて、君の宇宙船に載っている時計の進み方がどんどんゆっくりになっていくように見える。『ブラックホールに吸い込まれたらどうなるの?』の章で話したとおり、最初は君が超スローモーションで動いているように見えはじめる。ブラックホールの縁にたどり着くと、ほぼ完全にフリーズしてブラックホールに飲み込まれるのを待っているように見える。でも君にとっては時間はふつうに流れているし、ブラックホール内部への旅もつつがなく進んでいく。

だから、ロケットに乗り込んで猛スピードで飛んだりブラックホールに行ったりしても、時間を止めたり終わらせたりすることはできない。でも物理の宿題が終わりそうになかったら、先生を宇宙船に押し込んで、先生の時計が君の時計よりもゆっくり進むようにすればいい。そうすれば時間稼ぎできる。

時間なんてないのかもしれない

時間は僕たちにとってあまりにも基本的なものだから、時間のない宇宙なんてなかなか想像できない。でもだからといって、宇

31　すると当然こんなふうに思わないかい?　光子は時間をどういうふうに感じているの、ってね。宇宙の中を光の速さで飛んでいる光子にとっては、ほかのあらゆるものが光の速さで動いていて、宇宙のあらゆる時計がフリーズしているように見えるんだ。

宙にとって時間は欠かせないものだとまではいえない。僕たちの
考え方が狭すぎて自己中心的すぎるっていうだけだ。僕たちの限
られた経験が何にでも当てはまるとは限らない。科学の歴史を見
ていけばわかるとおり、僕たちは先入観にしばられているんだ。

　流れる川の中で一生暮らしている魚は、流れが感じられない水
なんて想像できない。でも僕たちは、水が流れていないこともあ
りえるって知っている。水の流れは宇宙にとって欠かせない何か
奥深い事柄じゃなくて、ある条件のもとで起こることでしかない。
つまり流れていない水も存在しえるっていうことだ。

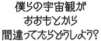

僕らの宇宙観が
おおもとから
間違ってたらどうしよう？

流れに身を
任せるんだな

　時間にもそれと同じことがいえるかもしれないって考えている
物理学者がいる。時間はつねに存在する基本的なものじゃなくて、
川の流れみたいに特別な条件なのかもしれない。

　この説をちゃんとした理論にするためには、"メタ時間"みた
いなものからふつうの時間が生まれるんだって考えないといけな
い。このメタ時間は時間と同じように流れることもあるし、流れ
ないこともある。メタ時間が流れているときには、僕たちは時間
が流れているって感じる。流れていないときには、時間は終わっ
たって感じるんだ。

　僕たちが絶対必要だって思っている基本的なルール、たとえば
因果律とか、時間は前にしか進まないっていう法則とかは、この

メタ時間の流れの特別なケースでしかないのかもしれない。この
メタ時間が違うふうに振る舞って、たとえば渦潮とか滝みたいな
ものを作ったら、僕たちは時間がループ状に進んでいるって感じ
るかもしれない。あるいは因果律が崩れて、ディナーの前にデザー
トを食べられるかもしれない。

　もちろんだからといって、ルールもへったくれもないわけじゃ
ない。このメタ時間にも、僕たちの考える時間に似たところがな
いといけない。そうじゃないと時間が流れることができないから
だ。また、メタ時間も何らかのルールに従っていないといけない。
そしてそのルールが、僕たちの経験する時間がどんなときに止ま
るのかを決めているのかもしれない。

　だとすると、僕たちの知っている時間は存在していなくてもい
いことになるし、僕たちの知っている時間を持たない宇宙だって
あるかもしれない。

　実際にそうだなんていう証拠は一つもない。でも完全に絵空事
でもない。宇宙が超高温・超高密度だった140億年前には、僕
たちの考えているような空間と時間は成り立っていなかった。だ
から奇抜なアイデアでも考える価値があるんだ。

時間はどうやって終わるの？

　ここまで来たからには、お馴染みの物理学の範囲を大きく飛び出して、あれこれ突拍子もないことを考えていかないといけない。でも科学ってそういうもんだ。宇宙の成り立ちにまつわる新しい考え方は、完成した数学的概念として一気に生まれるわけじゃない。何年も何十年も、何百年もかけてだんだんピースが組み合わさって、少しずつできあがっていくもんだ。突拍子もない道を進んでいたらつじつまの合ったアイデアが浮かび上がってきて、実際に実験で検証できるようになることもある。トランプの家を作るのと違って、下から順番に建てていくんじゃない。空中に支えたカードのまわりにほかのカードをつなげていくみたいなものなんだ。

　いまわかっていることから考えて、時間が終わるとしたら次の何通りかのルートがありえるらしい。

ビッグクランチ

　時間が終わるルートとして一つ考えられるのが、時間が始まったときと逆の状況だ。時間が始まったのは、宇宙が高温・高密度で空間が信じられないほど圧縮されていた、ビッグバンのときだったんじゃないかって考えられている。じゃあ、宇宙がなぜか逆ビッグバンを起こしてその状態に戻ったとしたら？　そうしたら時間は終わるんだろうか？

ビッグ　　　　図体がでかくて　　ビッグ
バン　　　　手に負えない10代　　クランチ

　実はそうなのかもしれない。宇宙は誕生直後にものすごい速さ
で膨張して、それから百数十億年のあいだ大きくなりつづけてい
る。その膨張は加速していて、銀河は毎年どんどんスピードを増
して地球から遠ざかっている。でも何がその加速を引き起こして
いるのかはわからない。僕たちはそれを "ダークエネルギー" っ
て呼んでいるけれど、かっこいい名前のわりに何が起こっている
のかはわかっていないんだ。

　何が宇宙を膨張させているのか見当もつかないから、未来にど
うなるのかを予測することもほとんどできない。たとえば加速が
止まって逆転するかもしれない。銀河がどんどんスピードを増し
て地球から遠ざかるんじゃなくて、逆に減速してやがて止まり、
Uターンしてくるかもしれないっていうことだ。空間が広がっ
て宇宙がどんどん大きくなるんじゃなくて、この力で宇宙が圧縮
されて銀河がどんどん集まってきて、"ビッグクランチ" っていう
大衝突が起こるのかもしれない。

　宇宙の全物質と全エネルギーが再びちっぽけな空間の中に詰め
込まれたら、いったい何が起こるんだろう？　実は誰にもわから
ない。ビッグバンに似た状態になるんだろうけれど、そもそもビ
ッグバンも僕たちにとっては謎だ。でもあれこれ考えるのは楽し
くて止まらないんだ！

　宇宙と一緒に時間も終わるのかもしれない。でも突然終わるとは限らない。たとえば北極点での北の方角と同じように、曲がりながら少しずつ終わるのかもしれない。その時点で時間が打ち止めになって、それから先は時間が存在しないのかもしれない。

　あるいは、宇宙の物質とエネルギーが残らず特異点に吸い込まれても、空間と時間は存在しつづけるのかもしれない。因果律とかこの宇宙の法則とかは成り立ちつづけるけれど、僕たちの知っている素粒子や力は姿を消して、見慣れない不思議なものばっかりになってしまうだろう。だとしたら時間は終わらないけれど、宇宙はいまと似ても似つかないものになってしまう。

　あるいはその特異点から再びビッグバンが起こって、ぜんぜん違う宇宙が生まれるのかもしれない。その新しい宇宙は僕たちの宇宙と時間の糸でつながっているから、時間は終わらずに再び始まるだけだろう。もしそうだとしたら、その時間の糸によって未来にも過去にも無限個の宇宙が連なっていることになる。

熱的死

　時間が終わるもう一つのルートはものすごく退屈だ。それを理解するためには、そもそもどうして時間が前に進んでいるのかを

考えないといけない。まるで誰かが宇宙内蔵時計のねじを1方向にしか回していないみたいだ。

物理学者はこの謎に長いあいだ頭を抱えている。物理学者が登場するよりも前からだ。[32] 時間は2つの方向があるのに1方向にしか進まないのを、彼らは変だって思っている。時間を後ろ向きじゃなくて前向きにだけ進めている何か、時間に足枷をはめているエンジンみたいなものがあるはずだって言うんだ。

偉大なる時のハムスター

そしてそのエンジンを見つけたって考えている物理学者もいる。この宇宙には一方通行の標識みたいなものがあるっていうんだ。それをエントロピーっていう。

エントロピーが何なのか勘違いしやすいし、「散らかっている」とか「乱雑だ」っていうのと同じ意味だって思っている人も多い。でもそうとは限らない。ある物体のエントロピーが大きいっていうのは、その物体の中にある粒子の並べ方がたくさんあるっていう意味だ。たとえば物質を隅っこに集めるための粒子の並べ方は、その物質を好きなところにばら撒くための粒子の並べ方よりも数

32　物理学者登場以前の時代、物理学者はこの謎について考えたがらなかった。

が少ない。温度についても同じ。物質の塊全体を同じ温度にするためには、熱い粒子や冷たい粒子を好きなところに並べればいいけれど、熱い場所と冷たい場所を作るための粒子の並べ方はもっと数が少ない。

エントロピーについて一つおもしろいのは、時間が進むにつれて着実に大きくなっていくことだ。この宇宙はエントロピーが小さくてものすごく秩序立った高密度の状態からスタートして、それ以降は膨張するとともにエントロピーが大きくなっている。

でももう一つおもしろいのが、"エントロピー最大の状態"っていう上限があることだ。あらゆるものが冷え切って完全に均等に散らばったら、エントロピーは上限に達してそれ以上大きくはならない。しかももっと大事なことに、それ以上小さくもならない。砂時計の砂が落ちきってしまったら二度と上に戻ることはない。宇宙はその状態から抜け出せなくなってしまうんだ。

じゃあそのとき時間はどうなるんだろう？　"宇宙の熱的死"っていうなんてことのない名前で呼ばれるこの状態に達すると、役に立つようなことはもう何も起こらない。君がやりたいこと（惑星を作る、機種変する、陸上のトラックを1周する）には、ほぼ必ずエネルギーの流れが必要だ。エネルギーが流れるためには、バランスが崩れていたり何かが集まっていたりする場所（携帯のバッテリーみたいなもの）がないといけない。でもアンバランスがすっかり均されてエントロピー最大の状態に達してしまったら、役に立つことは何もできない。完全に水平に溜まった水たまりみたいに、エネルギーは流れることができない。宇宙の終わりに来てしまったら、携帯の充電場所や充電器なんてどこにもないんだ。

　時間とエントロピーの関係に目をつけて、時間が前向きに流れるのはエントロピーが大きくなるからだって言っている物理学者もいる。熱力学の第2法則によると、時間が経つにつれてエントロピーは必ず大きくなっていく。そこで彼らは、エントロピーが最大になってしまったら時間自体も止まるって言うんだ。

　でもそれは論理が飛躍しすぎじゃないの？　っていうのも、(a) 実際にエントロピーが時間を前向きに進めているのかどうかわからないんだし、(b) エントロピーが最大になったからといって宇宙が動きを止めるわけじゃないんだから。エントロピーが最大になってからでも粒子は飛び回ることができる。全体のエントロピーが大きくも小さくもならない限り、いくらでも飛び回ってかまわない。宇宙がこのエントロピー最大の状態を取っていても、時間は流れつづけるんじゃないの？

　でももちろん時間が終わったみたいには感じられるだろう。エントロピーが最大になった宇宙はただの水たまりみたいにじっとしていて、おもしろいことなんて二度と起こらないだろう。だから時間は終わらないかもしれないけれど、楽しいことは間違いなく終わってしまうんだ。

ママ、なんにも
やることないよ！

時間が終わってからの子育て

誰にわかるっていうの？

　時間がこの宇宙の基本的性質じゃなくて、"メタ時間"がある特別な状態のときに起こる出来事（川が流れるみたいに）でしかないとしたら、その条件が終わってしまうっていうのはありえる話だ。

　もしかしたらいつかメタ時間を流れる川が途切れ、僕たちの知っている時間の糸がほつれてそれ以上先に進まなくなるかもしれない。そうしたらこの宇宙は、流れのない川（または湖）みたいに時間のない状態になってしまうだろう。その新しい状態は、僕たちが経験したり想像したりしてきたものとはぜんぜん違うだろう。時間と空間がなかったら、物理的な出来事どうしが因果関係で結びつくことはない。宇宙はランダムな量子的現象が泡の塊みたいにめちゃくちゃに集まったものになってしまうだろう。

　それがどんな様子かを理解するためには量子力学と空間を結びつける理論が必要だけれど、アインシュタイン以降何人もの物理学者が探してもまだ見つかっていない。どんな理論なのか、何がきっかけで条件が変化するのか、想像もつかない。それは明日起こるのか、あさって起こるのか、ぜんぜんわからない。わかる人がいるとしたら、このメタ時間の流れの外側から見ている人だけ

だろう。

　でも時間が終わったとしても一時的かもしれない。湖が別の川に流れ込むのと同じように、メタ時間が動きつづけてほつれた糸が撚り合わさり、再び時間が流れはじめるかもしれない。

　そしておもしろいことに、もしも時間が止まって再び動き出しても、僕たちはそれに気づかないかもしれない。

　僕たちが時間を計るときには、規則的にステップを踏んでいく物理的プロセスを使う。チクタクと刻んでいく時計の針、砂時計の中を落ちる砂、2つの状態のあいだをジャンプする電子や原子といったものだ。だから時間の糸がほつれたり時間が止まったりしたら、そうした時計も止まってしまうだろう。君も物理的存在だからやっぱり止まってしまう。君の思考や経験は時間が進まないと起こりようがないんだから、時間の流れがいつ止まったりゆっくりになったりしたかなんて君にはわかりようがない。一時停止した動画の中の人みたいに、自分が何回フリーズしたか、どれだけ長くフリーズしていたかなんて見当がつかないんだ。

おっとトイレ！

話も終わり

　そろそろ正直に言おう。時間のことなんて本当はわかっていな

いんだ。自分自身の心みたいに、時間の中で生きているからってその正体を見抜けるとは限らないんだ。

　アイデアの糸口くらいならいくつかつかんでいる。時間は永遠で、宇宙の時計は無限の未来まで永遠に動きつづけるのかもしれない。あるいは、時間は宇宙の構造に欠かせないものじゃなくて何か特別な状態で、その状態は永遠には続かないのかもしれない。あるいは時間は宇宙に欠かせないもので、宇宙が消滅しない限り時間は終わらないのかもしれない。

　いまのところ時間はスムーズに流れているみたいだ。でもいつかビッグクランチとか熱的死みたいな特別な条件になって、何か新しいことが始まるんだろうか？　それは誰にもわからない。

　僕たちは時間が終わるそのときまで、ああでもないこうでもないって考えつづけるのかもしれない。

13
あの世はあるの？

悲しいかな、みんないつかは死んでしまう。
誰しも終わりのある人生にしばられていて、僕たちの身体
は永遠にはもたない。やがては動かなくなって、物理的な君はエン
トロピーに負けて朽ちていく。でも生物学的な命が終わったら
君自身も終わるんだろうか？

隕石で死ぬなんて
ちょっとイケてねなぁ

　一番奥深くて一番古い疑問かもしれない。僕たちは死んだらど
うなるの？　すごく感情を揺さぶられる疑問で、たいていの宗教
や文化の根っこになっている。あの世についての考え方はものす
ごくバリエーションがあって、ちょっと変わったものもある。た
とえばみんな死んだら、宇宙に浮かぶばかでかい木の洞の中にあ
る巨大宴会場に行くとかね。えっ？　ノルウェーの神話だよ？
　ふつう科学者はこんなテーマ、哲学者とか宗教家に任せてしま
うもんだ。でも人類が何千年も前にこの疑問を考えはじめてから
いままでに、宇宙についていろんなことがわかってきた。宇宙の

物理法則についてわかっていることから考えて、あの世はありえるんだろうか？

天国の物理

　死んだ後どうなるのかについては、いろんな考え方がある。ほとんどの宗教では、この世と違う何か新しい世界で生きつづけるとされている。その新しい世界がどんなものかは宗教によって違う。天使が羽ばたいて竪琴（たてごと）の音色が流れる雲の中（または逆に、悪魔が三叉槍を振りかざして炎が燃えさかる暗い地下世界）とか、太陽と一緒に大空を駆けめぐるとか、戦いの神々と一緒にジョッキを傾けながら延々と歌うとか。ほとんどの場合あの世は永遠に続くから、どんなあの世に行くことになるのかみんなドキドキだ。

　しかもほとんどの場合、君はあの世でもなぜか"君"のままだ。君の人格、意識、記憶がそのまま続いて、君は自分の新たな人生を経験して自覚できるんだ。

　科学的にいってそんなことありえるんだろうか？　別世界に転生してローブと超快適スリッパを身につけ、そのまま存在しつづけるなんてありえるの？　それを言葉どおりに受け取って、どんな感じなのか考えてみよう。科学的に見ると、昔ながらのあの世

には決定的な特徴が3つある。

(1) 物理的な身体よりも長生きする "君" が存在する。

(2) その君は別の場所に転生する。

(3) その場所に永遠に存在しつづけていろんなことを経験できる。

この特徴について一つずつ考えていって、物理的な宇宙についてわかっていることとつじつまが合うように手直しできるかどうか、確かめていくことにしよう。

君を超えた君

ほとんどの宗教では、君の一部は身体が死んでも生きつづけるとされている。科学的にそれが理屈に合っているのかどうかを考える前に、第1段階として、君の中のどんな部分をそのまま残したいのかはっきりさせておこう。たとえばほとんどの人は、死んだ身体の中に留まりつづけてゾンビみたいに徘徊し、元友達全員に嫌がられるのなんてごめんだろう。

　物理的な身体を離れたいとしたら、いまのまま残しておきたいのはどんな部分だろう？　もっと言うと、何が君を"君"たらしめているんだろう？

　実はこの疑問には科学で取り組むことができる。物理学の守備範囲は物理的な世界で（そりゃそうだ）、どんなものも物理法則に従うとされている。僕たちに言える限り、君を"君"たらしめているのはただの素粒子だ。もっと具体的に言うと、素粒子の組み・
合わせ方だ。

　この世にあるどんなものも全部同じ部品でできている。僕たちが触れられる物質はどれも、2種類のクォーク（"アップ"と"ダウン"）と電子でできている。それだけだ。この2種類のクォークが組み合わさって中性子（アップ1個とダウン2個）や陽子（アップ2個とダウン1個）ができ、それが電子といろんな比率で組み合わさって周期表の全元素を作っている。そしてそれらの元素によって、ラマ、船、微生物とあらゆるものができている。

　つまり、君とこの世に存在するあらゆるもの（または人）との違いは、元素や素粒子がどうやって組み合わさっているかだけだ。君の身体1kgは、溶岩やアイスクリームや象1kgとほとんど同じ素粒子でできている。地球上のあらゆるもののレシピ本を書くとしたら、どのレシピでも材料のリストは同じ。クォークと電子

が3：1だ。

物理のレシピ本

でも料理で失敗したことのある人なら誰でも知っているとおり、レシピは材料のリストだけじゃ成り立たない。材料の混ぜ方を間違えると、犬も食わない料理ができてしまう。君を溶岩やアイスクリームや象と作り分ける上で大事なのは、素粒子そのものじゃなくて素粒子の組み合わせ方なんだ。

しかも、君を作っている素粒子は特別なものでもなんでもない。物理学の見方だと電子はどれも同じだ。君を作っているクォークや電子を新しいクォークや電子と取り替えて、古いやつがあったのとまったく同じ場所に戻しても、何一つ変わらない。

っていうことは、君という存在は素粒子の組み合わせ方についての情報でしかないことになる。だとしたら、君は身体が死んでも生き延びられるはずだ。その情報をどうにかしてコピーして、どこか別のところで生きつづけさせればいいんだ。

別の場所に転生する

あの世にまつわるほとんどの話だと、君（君を"君"たらしめているもの）は別の世界か別の場所に転生することになっている。物理学の見方からするとそれは、君の情報を身体の中からどこか別の場所にコピーする、または転送するっていうことだ。でもそうすると重大な疑問がいくつも出てきてしまう。

・その情報はどうやって読み出す（昇天させる）の？

・君の情報を丸ごとコピーしないといけないの？　それとも一部だけでいいの？

・どのバージョンの君が生きつづけるの？

1つめの疑問「その情報はどうやって読み出すの？」は、方法についての疑問だ。どんな方法で君をあの世に送るにしても、つじつまの合った宇宙の中でやる限り何らかの物理的原理に基づいていないといけない。

いまのところ、君の身体をスキャンするMRIとかCTみたいなテクノロジーはある。原子を1個ずつ検出するテクノロジーもある。どっちのテクノロジーも日々進歩しているんだから、近いうちに君の身体を原子や素粒子のレベルまでスキャンできる方法が誕生するっていうのもありえない話じゃない。

じっとして　ヤバっ

　でも物理学の見方からすると、ここで２つの問題にぶち当たってしまう。第１に、スキャンをするためにはどうしても君の身体にエネルギーを与えないといけない。素粒子一個一個を検出するためにはどうにかしてその素粒子を見る必要があって、そのためにはふつう光子か何か別の素粒子をぶつけることになるんだ。

　しかもこの宇宙では、ただで量子情報をコピーすることは許されない。量子力学で一番大事な"ノークローニング定理"によると、量子情報をコピーするためにはオリジナルを破壊するしかないんだ。人が死ぬときに身体がスキャンされていくとか、量子レベルで素粒子が破壊されていくなんて証拠はいまのところ見つかっていない。

　しかも、量子レベルで君の全素粒子をコピーするのが可能かどうかもよくわからない。人の身体の全量子状態をスキャンするなんて生やさしいことじゃない。人の身体には素粒子が 10^{28} 個もあって、現在地球上にある全コンピュータメモリーの容量、約 10^{21} バイトよりもずっと大きいんだから。いまのところ世界中のコンピュータを総動員しても、君の足の爪１本に入っているくらいの情報しか保存できないだろう。

セーブボタン押すの
忘れないでね!

　もちろん、君をあの世に送ってくれる存在が何であったとしても、その存在であればこの情報を扱うことができるっていうのはありえる話だ。この宇宙は別の宇宙の中で走っているシミュレーションなのかもしれない。もしそうだとしたら、君の情報はどこかのハードディスクの中に入っていて、読み出したりコピーしたりできるだろう。

　2つめの疑問「君の情報を丸ごとコピーしないといけないの？ それとも一部だけでいいの？」はもっと哲学的な疑問だ。たとえばあの世で生きるためには、身体の中の情報が全部必要なんだろうか？　たとえば、君が死んだ瞬間に足の爪の中の全クォークが何をしていたのかは本当に重要なんだろうか？

　それとも、あの世で生きるためには君の情報の一部さえあればいいんだろうか？　もしそうだとしたら、必要なのはどの部分なんだろう？

　君の全素粒子の組み合わせ方が君を唯一無二の存在にしているのはわかったけれど、じゃあその組み合わせ方はどんな役割を果たしているんだろう？　君の素粒子の組み合わせ方によって決まっているのは、外界からの情報を取り込んでそれに行動で応える、細胞レベルの機械的プロセス、いわば生物マシンだ。でもそれには、足の爪、もっと言うと手足の中にある量子的粒子の組み合わせ方も必要なんだろうか？　胃袋については？　あの世でも腹の

虫は必要なんだろうか？

　もしかしたらあの世で実際に必要なのは、身体の中の全素粒子の組み合わせ方じゃなくて、君の生物マシンのデザインだけなのかもしれない。生きつづけるのは全細胞の量子情報じゃなくて、細胞どうしのつながり方と、脳回路に保存されている情報だけなのかもしれない。だとするとハードディスクの容量はずいぶん節約できる。

　しかもぼんやりした JPEG 画像みたいに細かいところをどんどん無視していけば、君の持っている"君情報"はさらに圧縮できる。でも、それでも君は君のままなんだろうか？　それとも君の"エキス"みたいに単純なものになってしまうんだろうか？

最後の疑問「どのバージョンの君が生きつづけるの？」は、どっちかって言うとタイミングの問題だ。身体や心は一生のうちにすごく変化する。年を重ねるにつれて経験や知識は増えていくけれど、身体や思考力はどこかでピークが来て衰えはじめる。あの世に行くのはそのうちどのバージョンの君なんだろう？　つまりいつコピペされるんだろう？

　死ぬ瞬間にコピーされるとしたら文句を言いたくなるかもしれない。死ぬ瞬間の君が最高の君じゃなかったとしたら？　死因になった出来事を永遠に引きずりたくなかったとしたら？　誰がど

うやってコピーのタイミングを選ぶっていうの？

　もしかしたら、あの世に向けて君をコピーするプロセスは少しずつ進んでいくのかもしれない。コピーされるのは君の平均、つまり君が自撮りしたJPEG写真を全部足し合わせたものかもしれない。君を君たらしめているのが情報だけだったとしたら、いろんな科学的小技を使ってその情報を圧縮したり平均化したり、大事な特徴を見つけ出したりできるはずだ。

じっとして

別の場所で永遠に存在しつづける

　あの世パズルの最後のピースは、君の魂が別の場所で永遠に生きつづけるっていう考え方だ。その場所は雲の中（または地下深く）だっていう考え方もある。この世から切り離された別世界だっていう考え方もある。

　突拍子もないように聞こえるけれど、物理学者は多宇宙っていう考え方についてせっせと論じ合っている。そもそもこんな話がありえるのかどうかは、あの世がどこにあるかですごく違ってくる。

　物理学者は宇宙の始まりを説明するために、実はこの宇宙はもっと大きい"メタ宇宙"の一部なのかもしれないって考えている。この宇宙の法則については物理学である程度わかってきたけれど、どうしてこの宇宙が存在するのかはまだほとんどわかっていない。

ある説によると、この宇宙はもっと大きい宇宙（メタ宇宙）の中に浮かぶただの泡で、この時空は基本的なものじゃなく、特別な条件からたまたま生まれたものでしかないという。もしそうだとしたら、あの世に行くっていうのは、君の情報がスキャンされてその外側の宇宙にコピーされることだっていうことになる。

もう一つありえるのが、あの世は並行宇宙の中にあるっていう可能性だ。物理学の多宇宙の考え方によると、この宇宙は唯一の宇宙じゃなくて、どこかに別の時空領域があるかもしれないという。その別宇宙はこの宇宙の別バージョンで、量子選択で分かれたのか、または初期条件や物理法則が違っていたのかもしれないっていう説もある。もしそうだとしたら、この宇宙よりも理想的なバージョンの宇宙（天国みたいな宇宙）があるかもしれない。それと同時に、炎や怒りに満ちたもっと悪いバージョンの宇宙（地獄みたいな宇宙）もあるかもしれない。

君の情報はそうした別宇宙に伝わっていくのかもしれないけれど、いまのところ物理学者はそんなのありえないって考えている。

どっちにしても、その別宇宙の法則がこの宇宙とぜんぜん違っているかもしれないって考えるとなかなかおもしろい。その別宇宙の中で生きつづけるためには、君の"君情報"をどんなふうに調節しないといけないんだろう？　時間や因果律も同じふうに成

り立っているんだろうか？　君の情報はどんな入れ物やマシン（生物マシンかもしれないしそうじゃないかもしれない）に収まるんだろう？　そもそもあの世で永遠に生きるとしたら、その新しい宇宙の中でもものを考えて、いろんなことを変えたり経験したりできるようでいたい。永遠にフリーズしているんじゃなくて、活動していたい。そのためには、量子的物体の状態を使うか、または僕たちには想像もつかない何かを使うかして、メタ宇宙の中で君のソフトウエアを走らせられないといけない。人間のプログラムを宇宙人の新型コンピュータに移植するみたいなもんだ。

地上の天国

　最後にありえるのは、この宇宙こそがメタ宇宙かもしれないっていう可能性だ。あの世はこの宇宙の外側とか隣の宇宙とかじゃなくて、この宇宙の中にあるのかもしれないんだ。

　たとえばどこか近所に棲んでいる宇宙人が僕たちのために宴会場を作ってくれて、誰かが死んだらすぐにそこにコピーできるようにスキャナーを持って待っているのかもしれない。またはもっとおもしろい可能性として、僕たちが自分自身のためにあの世を作ることになるのかもしれない。

　どういうこと？　僕たちを転生させる想像上の神の力と同じよ

うなテクノロジーを、僕たち自身が開発できるかもしれないっていうことだ。

　たとえば身体全体を分子や素粒子のレベル（少なくとも人間のエキスのレベル）までスキャンできるテクノロジーと、僕たち自身の新たな身体を作れるバイオエンジニアリングや3Dプリンターを開発できるかもしれない。この2つのテクノロジーを使えば、若くて健康的な君自身の新しいコピーを作って、それを別の場所に送り届けられるかもしれない。そして君を生きつづけさせた理由に合わせて、そのコピーをもっと理想的な場所、またはもっとひどい場所に住まわせられるかもしれない。

　もちろんそんなテクノロジーにはまだまだほど遠いし、前に話したように量子力学的に厄介な問題がいくつかある。だとしたら、物理的な身体なんて捨ててしまうほうが簡単じゃないの？

　身体を作りなおす代わりに、君はただの情報だっていう事実を活かして、シミュレーションのあの世で暮らすことができるかもしれない。

　君を君たらしめているのに欠かせない情報を全部コンピュータにアップロードして、デジタルバージョンの君のためにシミュレーションを走らせるんだ。君のデジタルコピーはその環境の中で

生きて、成長したり変化したりする。全部作り物だから、そのあの世は君にぴったり合わせて作ることができる。毎日朝食にアイスクリームを 50 個食べたいって？　古き良き 80 年代を生きたいって？　ドラマ『ブラック・ミラー』みたいにジョン・ハムと付き合いたいって？　まかせろ！　デジタルワールドなら何でもありだ。

　その暮らしは永遠に続くんだろうか？　誰かがコンピュータをシャットダウンしない限りはね。おもしろいことに、シミュレーションの中でなら好きなスピードで時間を進めることができる。CPU の速度によっては、コンピュータエンジニアが席を離れてコーヒーを 1 杯飲んでいるあいだに、デジタルのあの世の中で君は 100 万回も一生を送れるかもしれない。

　現在のコンピュータのパワーだと、君の情報を残らず保存したりこの世界を完璧にシミュレートしたりすることはできない。でも進歩のスピードは速いから、近い未来にはすごく居心地のいいあの世で過ごせるようになるのかもしれない。

虹をロード中……

時間のさざ波

　天国なんて簡単に作れるもんじゃない。あの世を作るためには、

宇宙全体をこしらえて、無数の量子的粒子を離れたところから自動的にスキャンする方法を開発し、その情報を誰にも気づかれずに全部移し替える方法を見つけないといけない。厳密に言えば不可能じゃないけれど、物理的に見たら無理難題だろう。

　そもそも物理学でできるのは、まわりの世界を見渡して、僕たちが検証したり観察したりできる結論を導き出すことだけだ。現在の見方では、この宇宙は厳密な法則に従っている。僕たちがどんなに望んだところで、例外は一つもなさそうだ。僕たちが知っている限り、死んだらエントロピーが増える以外のことが起こるなんていう証拠はどこにもない。

　っていうことは、この宇宙の中にあの世が存在するなんて、物理学から言ってありえないんだろうか？　死んだら永遠にいなくなってしまうんだろうか？

　そうとも限らないんだ。

　量子力学によると、この宇宙の中では量子情報は絶対に破壊されない。だから君の身体が死ぬと、その身体を作っていた素粒子はバラバラになってしまうけれど、その量子情報はけっして消えない。別の素粒子に吸収されたり移ったりはするだろうけれど、消えてしまうことは絶対にない。指紋みたいにこの宇宙の量子状態に刻み込まれて残りつづけるんだ。理屈の上では、遠い未来の誰かがその指紋を調べて、君や君のしたことを再現するのは可能だろう。それが量子力学のパワーっていうもんだ。

　それと同じことが君の行動にも当てはまる。君が何か行動を取ると、ほかの素粒子との相互作用が起こってその素粒子の量子状態が唯一無二の形で変化し、その相互作用の情報が何らかの形で

保存される。僕たちの行動は本当の意味でさざ波みたいに広がって、この宇宙の量子的な歴史の中に永遠に残りつづけるんだ。

　だからこれまでに生きていた人はみんな、まわりのものに微かだがけっして消えない痕跡を残して、ずっと僕たちと一緒に存在しつづけている。いつかは君も死んで、この宇宙の記録の一部になる。「死んでもみんなの心の中で生きつづける」っていう言い回しがある。量子力学によるとそれは正しいだけじゃなくて、数学的な事実なんだ。

宇宙が覚えてる

14

僕たちはコンピュータ
シミュレーションの中で
生きているの？

そ
んなこと本当にありえるの？　真面目な話なの？

何か大変な目に遭ったり、最近だったらニュースを見たり
するたびに、誰もがしょっちゅう思う疑問だ。僕たちの住んでい
るこの世界はあまりにもひどくてあきれるくらいだから、現実
なんてなかなか信じられない。

本当なの？

そう、現実じゃないかもしれないんだ！

僕たちの住んでいるこの宇宙、僕たちが感覚で経験しているこ
の宇宙は現実じゃないかもしれないっていう考え方は、何千年も
昔からある。古代の宗教ではこの世界は幻影にすぎないってよく
言われていたし、もし幻影だったとしても僕たちには見分けられ
ないんじゃないかってソクラテスは言っている。もっと最近だと、

キアヌ・リーブスが映画『マトリックス』の中でたった一言でまとめている。「まずい」ってね。

僕たちは生まれてからずっと、自分が見たり感じたりすることは実際に起こっていることだって決めつけている。この宇宙では物理的な物体が動き回ったりぶつかり合ったりしていて、その光景や音を僕たちは感覚でとらえているんだって思い込んでいる。確かに現実として感じられる。でも現実として感じられることと、実際に現実であることは必ずしも同じじゃない。たとえば夢は見ているときは現実として感じられるけれど、だからといって実際にビルサイズの巨大クッキーに追いかけられていたわけじゃない。

驚くことに物理学者たちは、この宇宙は現実なんだろうかっていう疑問についていろいろ頭をひねりはじめている。この世界が現実じゃないなんてありえるの？　僕たちが経験していることは、ありえないくらい巨大でパワフルなコンピュータの中ででっち上げられた精巧な宇宙シミュレーションでしかないの？　そして一番大事な疑問、どうしたらそれがわかるの？

だいたいどうしてそんなこと考えるの？

この世界は現実じゃなくて、僕たちは実はシミュレーションの中で生きているだなんて、とんでもない話に聞こえるかもしれな

い。混沌としていて超細かいこの世界がコンピュータによって生成されたなんて、どうしたらありえるっていうの？　部屋の中を飛び回る1匹のハエみたいな単純なものですら、何十億個もの空気の分子にバチバチ叩きつけるちっぽけな翅から、君の顔を無数に反射させるギラギラした複眼まで、細かい特徴でびっしりだ。それを全部コンピュータでシミュレートするなんてできるの？

　実はできるんだ。いまでは信じられないくらいリアルなCGが作れる。映画『トイ・ストーリー』第1作と最新作（『トイ・ストーリー4』かな？）を比べれば、たった数年でコンピュータテクノロジーがものすごく進歩したのがわかるはずだ。VRやコンピュータゲームも、初期のカクカクしたポリゴンに比べたら信じられないくらい洗練されている。最新のスポーツゲームなんてあまりにもリアルで、よくよく見ないとシミュレーションなのか本物の中継映像なのかなかなか見分けられない。歓声もいら立ちもブーイングもみんな再現されている。

　進歩のスピードを考えると、いつかバーチャルリアリティーと本物のリアリティーを見分けられなくなるんじゃないの？

すごいリアルだ!

　君も知っているとおり、僕たちはシミュレーションの中で生きているらしいって言っている人もいる。テクノロジーが進歩するにつれて、誰もが家のコンピュータで宇宙のシミュレーションを

走らせている未来をイメージできるようになってきた。そのシミュレーションの中の人がさらにシミュレーションを走らせるかもしれないって想像している人もいる（シミュレーションの中のシミュレーションだ）。そのままいくと、実際の宇宙よりもずっとたくさんのシミュレーションが走っているっていうことになって、こんな疑問が湧いてくる。僕たちが無数のシミュレーション宇宙じゃなくて、たった一つの本物の宇宙に住んでいる可能性はどのくらいあるんだろう？　統計学的に言ったら、コンピュータゲームの中に住んでいるっていう可能性にお金を賭けるべきだろう。

　哲学的に言うと、僕たちはシミュレーションの中に住んでいるのかもしれないって疑う理由がもう一つある。この宇宙はまさにシミュレーションみたいに動いているようにしか思えないんだ。

　この宇宙には、バーチャルゲームやバーチャルワールドを作るのに使われているコンピュータプログラムと共通点がたくさんある。規則に従っているんだ。

規則は
規則！

　物理学の大目標は、この宇宙の規則を明らかにすることだ。そしてこの宇宙は確かに規則に従っているみたいだ。量子力学から一般相対性理論まで、僕たちは宇宙のソースコードの発見に一歩一歩近づいているんじゃないだろうか。でも見過ごしがちな疑問が一つある。そもそもどうしてこの宇宙は規則に従っているんだ

ろう？　どうしてこんなにつじつまが合っていて規則正しいんだろう？

　物理法則はいつでもどこでもまったく同じように働いている。まさにコンピュータプログラムみたいだ。僕たちが住んでいるこの宇宙はそれこそソフトウエアみたいに、プログラマーが書いた命令に忠実に従ってせっせと動いているように見える。

　この宇宙には、シミュレーション宇宙が持っていそうな特徴がものすごくたくさんある。その事実を考えると、この宇宙はまさにシミュレーションだっていう主張はかなり説得力があるんじゃないの？

ロード中……

でもそんなことできるの？

　宇宙全体を実際にシミュレートするためにはどうすればいいんだろう？

　最近のプログラマーはいろいろものすごいことをやってのけているけれど、バーチャル宇宙を作るのはまだまだ簡単なことじゃない。1か所にいる1匹のハエを表現するのと、“万物”を表現するのとでは大違いだ。“万物”はそれこそたくさんあるんだから、とうてい不可能なんじゃないの？　ハエや草に細かい特徴がたく

さんあるだけじゃなくて、ハエはうじゃうじゃいるし草は無数に生えている。しかも地球上だけでだ。

　何が必要なのか感じをつかむために、どうやって宇宙をシミュレートしたらいいのか詳しく見ていこう。僕たち2人の見る限り、考えられる方法は基本的に3つある。

容器に入れた脳

　1つめのシナリオでは、コンピュータでシミュレーションを走らせて、本物の人間の脳にメッセージを送る。するとその脳が、感覚を通じて認識した事柄に基づいて世界のイメージを組み立てる。でもその感覚信号を発生させているのは、実際の身体の感覚器官じゃなくてコンピュータシミュレーションだ。コンピュータの中には偽物宇宙全体のモデルがあって、それが脳と作用し合う。脳がたとえば「前に歩くぞ」っていうメッセージを送ると、コンピュータがその動きをシミュレートして、世界がどういうふうに変化するか、脳に新しくどんな入力を与えればいいかを計算する。

キアヌ・リーブス
みたいだろ？

容器に入れた宇宙人の脳

　もうちょっとぶっ飛んだシナリオでは、コンピュータが宇宙人の脳のためのシミュレーションを走らせて、その脳が実は人間の脳であるかのように思い込ませる。シミュレーションの中の宇宙

人は、自分の脳は活性化し合う数百億個のニューロンが詰まったゼリーの塊だって思い込んでいるかもしれないけれど、実際にはその脳はどんなものでもいい。人間の脳よりずっと大きくてもいいし、ずっと小さくてもいい。油圧ポンプや小さな量子コンピュータ、あるいはもっととんでもない何かがたくさんつながった巨大ネットワークみたいに、ぜんぜん違う原理で動いていてもいい。

俺も犬!

君はソフトウエアプログラムだ

いまから最深のメタレベルまで突っ込んでいくから覚悟して。実際の脳なんてどこにもなかったとしたら？　シミュレーションの中の脳も全部シミュレーションだったとしたら？　このシナリオでは、生きていて意識を持っている心はどれも大きなプログラムの一部だ。

ここ数十年で人工知能がものすごく進歩していて、いまでは学習・記憶・問題解決といった脳の機能を真似できるコンピュータシステムを作れるようになっている。そうした人工知能が複雑になるにつれて、「AIなんかにはできっこない」って高をくくっていたことでもこなせるようになってしまった。人間のチェス世界チャンピオンを負かしたり、街なかで車を運転したり、人の顔を見分けたり、リアルな会話を交わしたりね。バーチャルな知的生物が走り回るバーチャル世界を作るのも難しくはないかもしれな

い。

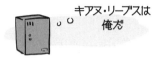

キアヌ・リーブスは
俺だ

　もちろんどんな感じのシミュレーション宇宙を作るにしても、とてつもなく巨大なコンピュータを動かさないといけない。宇宙をシミュレートするためには、まずは初期設定が必要だ。一個一個の物体がどこにあって、どんな速さで動いているかといったことだ。そうしたら次は宇宙の法則を当てはめる。次の瞬間にそれらの物体はどうなるのか？　ぶつかって跳ね返るのか？　通り過ぎるのか？　加速したり減速したり、左に向きを変えたりするのか？　法則に従って各物体の状態を更新したら、時計の針を1つ進める。そして同じことを繰り返してどうなるか見る。

　物体がたくさんあったら大量のコンピュータパワーが必要になる。たとえば一個一個の物体に対して、その位置と振る舞いを記録するためのメモリーが必要だ。宇宙全体だとどれだけのメモリーが必要で、その全データを処理するためにはどれだけのCPUパワーが必要なのか、想像してみてほしい。しかも宇宙にあるすべての素粒子や惑星を、同じく信じられないくらいの精度でシミュレートしないといけない。そんなの不可能じゃないの？

　いや、そんなことないかもしれない。もっともらしいシミュレーション宇宙を作るためには、そのシミュレーションを体験する存在にとってリアルに感じられさえすればいい。そこで、君が思っているよりも少ないコンピュータパワーで解決できる方法をい

くつか紹介しよう。

手抜きテクニックその 1

　1 つめの手抜きテクニックは、実際の宇宙をもっと単純にして
シミュレートするっていう方法だ。たとえば実際の宇宙よりも次
元の数を減らしたり、法則を単純にしたり、ピクセルを粗くした
りすればいい。シミュレーション宇宙のほうが単純でも、その中
に住んでいるシミュレーション生物にとってリアルに見えないと
は限らない。もしかしたら僕たちの住むこの宇宙も実際の宇宙と
比べたらすごく単純だけれど、僕たちは違いがわからないから、
シミュレーションのリアリズムで満足しているのかもしれない。
たとえばスーパーマリオに出てくるすばしっこいキャラクターみ
たいなもんで、この宇宙はこの程度の複雑さなんだって思い込ん
でいるのかもしれない。

我思う、ゆえに我、
マリオだよ！

手抜きテクニックその 2

　シミュレーションをリアルタイムで進めなくてもいいんだった
ら、やっぱりコンピュータパワーを節約できる。シミュレーショ
ンを外側の現実世界と同じスピードで走らせないといけないなん
ていうルールはない。たとえばシミュレーションをゆっくり走ら
せて、シミュレーションの中での 1 年に実際の宇宙で 1000 年

かけてもかまわない。そうすれば、十分な時間をかけてできるだけ細かいところまで表現して、シミュレーションの中の生物にリアルだって思い込ませることができる。彼らが知っているのはシミュレーションの中で時間が流れるスピードだけだから、彼らには違いはわからない。シミュレーションを一時停止してしばらく放っておき、次の日になってから再スタートしても、中の生物は気づかない。たとえば君がゲームを一時停止してトイレに行ったら、ゲームの中のキャラクターは気づくだろうか？　ゲームの中に住んでいるんだから気づくはずない。

手抜きテクニックその3

　3つめの方法は、プログラムを工夫することだ。中の住人をだましてリアルだって思い込ませるためには、本当に宇宙の全素粒子をシミュレートしないといけないんだろうか？　僕たちがシミュレーションを作るときによく使うのが、必要な場合だけズームアップするっていうテクニックだ。たとえばエンジニアが交通の流れをシミュレートするときには、自動車を基本部品として使って、自動車一台一台の中の素粒子は無視する。気象学者が台風のシミュレーションを作るときには、陽子じゃなくて雲や水滴からスタートする。

　それと同じように宇宙のシミュレーションも、大きな塊に分け

て粗っぽくプログラムして、必要なときだけ粒子レベルの細かい特徴に踏み込んでいけばいい。シミュレーションの中の誰かが遠くの惑星を観測できる望遠鏡を作ったら、その惑星だけをシミュレートする。一個一個の素粒子をシミュレートするのは、シミュレーションの中のうっとうしい素粒子物理学者が粒子コライダーを作ったときだけでいい。

見分けられるの？

　ここまで話してきたように、僕たち（または少なくとも君[33]）がシミュレーションの中に住んでいるっていうのは十分ありえる。テクノロジーがこのまま進歩すれば可能になりそうだし、哲学的に考えても僕たちにとってはシミュレーション宇宙も現実の宇宙も同じように通用する。っていうことは、僕たちはどっちなのかわからない状態から抜け出せないの？　本物の宇宙と偽物の宇宙を見分ける方法はないの？

　それはコンピュータプログラムの出来による。完璧なプログラムだったら、現実と区別するのは絶対に不可能かもしれない。外の現実宇宙のほうがずっとずっと複雑で、僕たちの体験すること

33　僕たち2人が実在しないってこともありえる。

を細かいところまでシミュレートできる強力なコンピュータを作れたってことはありえる。だとしたら、僕たちには絶対に違いがわからないかもしれない。

　でも現実宇宙のプログラミングレベルが僕たちの宇宙とそう違わなかったら、必ずどこかにバグがあるはずだ。それが、この宇宙がシミュレーションかどうかを見抜く最大のチャンスになる。バグを見つけるんだ。

おっと、バグだ

　どんなバグが起こるんだろう？　それはプログラミングのしかたによるから、予想するのはすごく難しい。でもいくつか目星をつけることはできる。

　コンピュータのパワーのせいでシミュレーションに限界があるかもしれない。たとえば、宇宙の遠く離れた場所で起こることをうまくシミュレートできていないかもしれない。僕たちが大きくて複雑な物体をシミュレートするときには、小さい部分に分割して単純化するっていうことをよくやる。一個一個の部分を別々にシミュレートしてからそれをつなぎ合わせたほうが簡単だ。偽物バージョンの宇宙でも一個一個の銀河を別々にシミュレートしていて、ある銀河の中で起こることと別の銀河の中で起こることがぜんぜん関係していないかもしれない。どっちの銀河に住んでい

る生物も互いにやり取りしそうにないから、きっと違いはわからないだろうって決めつけて、手抜きテクニックを使っているっていうことだ。

　でもそれが通用するのは、アンドロメダ銀河の中で起こったことがアンドロメダ銀河の中で完結する場合だけだ。アンドロメダ銀河の中の何かが僕たちの住む天の川銀河で起こることに影響を与えたら、そこからバグを見つけられるかもしれない。

　たとえばアンドロメダ銀河の中心にある超重いブラックホールから素粒子が飛び出していて、それを地球の大気中で検出できたとしたら？　そうすると2つの銀河が直接つながるけれど、それをうまくシミュレートできていないかもしれない。たとえば素粒子が飛んでくる経路におかしなところがあったり、エネルギーのつじつまが合っていなかったりするかもしれない。そんなことがあったら、この宇宙には何か不具合があったんだってわかるかもしれない。[34]

途中で
何が
あったんだ？

　もう一つありえるのは、宇宙シミュレーションの解像度に限界があるっていう可能性だ。古い16ビットコンピュータだと黒と

34　実際に地球の大気に高エネルギーの素粒子がぶつかってきているのが観測されているけれど、それがどこから飛んできているのかはまだ説明できていないんだ。

緑のモニターにピクセルの粗い画像しか表示できなかった。それと同じように、偽物宇宙のシミュレーションにも解像度の限界があるかもしれない。空間と物質をどんどん細かく掘り下げていって、物理法則では説明できないレベルでこの宇宙がピクセルに分かれていることがわかったら、僕たちがシミュレーションの中に住んでいる証拠かもしれない。

　最後にありえるのは、僕たちが住んでいるこのシミュレーションの出来が良くないっていう可能性だ。僕たちのプログラミングだとそんなことしょっちゅうある。どんなに頭をひねってどんなに注意してプログラミングしても、僕たちの作るシミュレーションは必ずどこかで破綻（はたん）する。それと同じように、この宇宙をプログラミングした人が考えもしなかったようなケースとか、予想もしていなかった落とし穴とかがあるかもしれない。僕たちがこの宇宙のことをどんどん解き明かしていったら、それが見えてくるかもしれない。

　たとえば現実世界をめぐって2つの理論がにらみ合っている（量子力学と一般相対性理論だ）。しょっちゅう関係し合うわけじゃないからそれぞれ通用しているように見えるけれど、完全につじつまが合わないような状況は確かにある。その一つがブラックホールの内部で、一方の理論からは特異点（とくいてん）の存在が予想されるけれど、もう一方の理論からは不確かさを持った塊の存在が予想される。この宇宙のシミュレーションを作った人はそこまで考え抜いていなかったか、適当に手抜きして（または大慌てで）作ったのかもしれない。何かつじつまの合わない事柄が見つかったら、この現実世界にはおかしなところがあるってわかってしまうかもしれない。

どうして作ったの？

　この宇宙がシミュレーションだなんていうぶっ飛んだ説をめぐる一番の疑問、それはもちろん「どうして」だ。

　どうして誰か（または何か）はわざわざ偽物の宇宙を丸ごと作って、そこに脳や人工知能をつないだりしたんだろう？　僕たちを利用してエネルギーでも手に入れようとしているんだろうか？　何か怪しい目的のために僕たちを奴隷扱いしているんだろうか？

　この宇宙は何かの実験なのかもしれない。誰かがこの宇宙を作ったのは、ある科学的な疑問（「どれだけの宇宙でバナナが進化するか」）とか、心理学的な疑問（「どれだけの宇宙で人はバナナを食べられるまで賢くなるか」）に答えるためだったのかもしれない。あるいは、僕たちはあるタイプの宇宙の実験材料でしかなくて、ほかにも物理法則の違う宇宙とか、根本的に違う宇宙とかが数え切れないほどあるのかもしれない（隣の宇宙ではスーパーマリオの世界が立派な現実になっているかもしれない）。

それともただの遊びなのかもしれない。この宇宙が彼らの宇宙の中の金魚鉢か、子供のおもちゃでしかなかったとしたら？　もっとまずいことに、超ハイスペックのノートパソコンのスクリーンセーバーだったとしたら？　この宇宙みたいな複雑なシミュレーションを作れる天才がどんなことをおもしろがるのか、そんなことわかるわけがない。

　まとめると、僕たちは巨大マシンみたいに動いているシミュレーション宇宙の中に住んでいるのかもしれない。その巨大マシンを支配して僕たちをしばりつけている規則を完全には理解できていないし、この世界が本当は何なのか絶対にわからないのかもしれない。そんなの嫌だなぁって思った人は、ちょっと考えてみてほしい。現実の宇宙の中に住んでいるのと何か違いがあるかい？

　もしかしたら僕たちは、シミュレーション宇宙と現実の宇宙は違うんだって思い込んでいるだけなのかもしれない。実際問題、それで君の経験とか自意識とかに何か違いが出てくるだろうか？

　シミュレーションであろうがなかろうが、そもそも自分が存在しているってことをありがたがったほうがいい。答えが見つかるかどうかはわからないけれど、この宇宙の法則を全部解き明かしてやろうって取り組むだけで十分だ。そういうことができるんだったら（たとえシミュレーションの中であっても）、現実って言っていいんじゃないの？

15
どうして E = mc² なの？

たいていの人が知っている物理の方程式が一つあるとしたら、それはたぶん E = mc² だろう。

　物理の方程式の中でこれが一番有名なのは、きっと覚えやすいからだろう。形もシンプルでかっこいい。ナイキのロゴみたいだ。エジプトのヒエログリフみたいに見えるほかの物理方程式[35]と比べると、明らかにブランド力が高い。当然それを考え出したアインシュタインは、賢さ（とヘアスタイル）で 20 世紀のポップカルチャーに受け入れられたんだ。

　でも物理方程式はただの数式じゃなくて、何か物理的な宇宙についての事柄を表している。それもまた、E = mc² がみんなの頭

35　たとえばその一つであるシュレディンガー方程式はこんな見た目だ。

$$ih\frac{\partial}{\partial t}\Psi\left(\mathbf{r},t\right)=\left[\frac{-\hbar^2}{2\mu}\nabla^2+V\left(\mathbf{r},t\right)\right]\Psi\left(\mathbf{r},t\right)$$

の中にこびりついている理由の一つだ。E はエネルギー、m は質量を表していて、c は真空中での光の速さ、秒速 2 億 9979 万2458 m。シンプルで覚えやすい数式にこれが全部入っているっていうことは、この 3 つの量が何か深い形で結びついているんだろう。

　でもこの式はいったい何を表しているんだろう？　質量とエネルギーと光は実際どんな関係にあるんだろう？　その関係から見て、僕たち自身とこの宇宙の根本的な性質についてどんなことが言えるんだろう？

質量とエネルギー

　たいていの人は、質量っていうのは僕たちを作っている中身の量のことだと思っている。

　質量の大きい物体はたいてい重くてずっしりしている。質量の

小さい物体は軽くて、ほとんどないみたいに感じられる。

　人類が大昔に身につけたこの直感的な感覚は、ニュートンの運動の法則によって正確に表現された。その F = ma っていう数式は、世界一重要な物理方程式として何百年もトップの座を守っていた。F は物体にかける力、m はその物体の質量、a は加速度、つまりその物体がどのくらいすばやく動き出すかを表している。質量の大きい物体はかなり大きい F をかけないと動き出さない。m が小さければそっと押しただけで動き出す。

　僕たちにとって質量は、何かの中身がどのくらいあるかを表している。山や惑星みたいに質量の大きい物体のほうが、存在感があって中身が詰まっているみたいに感じられる。

　一方、エネルギーはそれとはぜんぜん別物だって考えてしまう。熱とか光、炎とか運動とかと結びつけがちだ。流れたり移動したりしてしまう、はかないものに思える。何かをしたり、ものを燃やしたりする力を与えてくれるものだ。しかも魔法のパワーみたいに蓄えておいて、必要なときに解き放つことができる。

　質量とエネルギーに対するこの直感的なイメージは、長いあいだニュートンの運動の法則と、この宇宙についての僕たちの基本的な理解にぴったり合っていた。質量とエネルギーは確かに作用し合うけれど、ぜんぜん別々のものだった。

たとえばコップの水にエネルギーを加えると、コップの中の小さな水分子がスピードを上げるけれど、水の質量は変化しないって考えられる。熱を加えたところで H_2O 分子の個数が変わるわけじゃない。動き回るスピードが速くなるだけだ。少なくとも僕たちはそういうふうに考えていた。

しーっ、物理の実験やってるんだから!

1880年代末に物理学者は、「質量ってどこから生まれるの?」とか「そもそも質量って何なの?」っていう厄介な疑問について考えはじめた。最初は見つかったばかりの電子に目をつけた。そして、電荷を持った粒子（電子とか）が運動すると磁場が発生することに気づいた。その磁場によってその粒子は押し返されて、もっとスピードを上げようとしても上げづらくなる。まるで、電子に何か質量を持ったものが乗っかって動かしにくくなったみたいだ。そこで物理学者は、質量とエネルギー（この場合は磁場のエネルギー）は別々のものじゃないんじゃないのって考えはじめた。

そこにアインシュタインが登場して、巧みな論法で話に決着をつけた。

その頃アインシュタインは"相対性"っていう概念にとりつかれていた。互いに運動している物体にどうやって物理法則を当てはめればいいのかっていう問題だ。すでに、どんなものも光より速く運動することはできなくて、この制限速度は君がどんなに速

く動いていても成り立つことがわかっていた。君が超高速で動いていても、光は光の速さで進んでいるように見える。地上に立っている人と超高速ロケットに乗っている人から見て物事がどういうふうに見えるのかを考えると、この根本的な速度制限のせいですごく奇妙な効果がいくつか現れる。

　たとえばアインシュタインは、宇宙空間で熱を放っている石ころについて考えた。その熱は赤外線の光子という形で石ころから出ていく。その石ころのそばに浮かんでいる君は、奇妙なことには何も気づかないだろう。石ころから光子が出てくるのが見えて、その光子のエネルギーを測るとある値になる（どんな光子でもそうだ）。

　でも君が高速ロケット宇宙船に乗って地球のそばを通過していると、違うふうに見える。

　アインシュタインは相対性理論の公式を使って、石ころから出てくる光子の振動数が君にとっては違って見えることを明らかにした。相対論的ドップラー効果って呼ばれているもので、たとえばパトカーが近づいているときと遠ざかっているときでサイレンの音が違って聞こえるのに似ている。ただこの場合は相対性理論の法則（「光子が光の速さよりも速くなったり遅くなったりすることはない」）があるから、ちょっと不思議なことが起こる。君が宇宙船

に乗りながら測った光子のエネルギーが、石ころのそばに浮かんでいるときに測った値と違ってくるんだ。でも同じ光子なんだから、別の何かが違っているとしか考えられない。

　アインシュタインによると、その違っている何かっていうのは石ころの運動エネルギーだ。でも運動エネルギーは物体の質量と速度から求められるけれど、光子を放っても石ころの速度は変わらないんだから、変化したのは質量に違いないってアインシュタインは結論づけた。さらに、その石ころの質量の変化する量が、光子のエネルギーに光の速さの2乗を掛け合わせたものと等しいことを発見した。つまりこんな数式を見つけたんだ。

　光子のエネルギー ＝ 石ころの質量の変化する量×（光の速さ）^{2}

　この数式によると、石ころから光子が出ていくと石ころの質量が実際に変化することになる。その質量の変化する量は（それに光の速さの2乗を掛け合わせると）、出ていく光子のエネルギーに等しい。まるで石ころの質量のごく一部がエネルギーに姿を変えて、光子という形で出ていったみたいだ（光子は質量を持っていなくて純

粋なエネルギーなのだったよね）。

　控えめに言って大地を揺るがすようなすごい結論だった。何千年も前からみんなが抱いてきた、質量とエネルギーはぜんぜん別物だっていう直感が崩れ去ったんだから。アインシュタインの方程式によると、質量とエネルギーは互いに関係していて、両替所でドルをユーロに替えるのと同じように、一方をもう一方に変換できるんだ。

　ここで君はこう思ったかもしれない。いったいどういうことなの？　質量みたいなずっしりしたものがただのエネルギーに変わってしまうなんて本当にありえるの？

　最初は、石ころの中の原子が何個か分解して光子になったんじゃないかって思うかもしれない。そうすれば石ころ全体の質量は小さくなるはずだ。でも実際にはそんなことはぜんぜんない。光子が出てくる前と後で原子の数は変わらないのに、なぜか石ころの質量は小さくなってしまうんだ。

　ものの質量が変わるなんて馴染みがないからすごく不思議だ。エアコンをオンオフしただけで机の上のペーパーウエイトが軽くなったり重くなったりするなんて思えない。砂糖 1kg は冷蔵庫に入れても入れなくても 1kg じゃないの？

　実際に何が起こっているのかを理解するためには、質量がある
ってどういう意味なのかをもう少し掘り下げないといけない。と
くに、この難問を解くのに役に立つ大事な手掛かりが2つある。

君の質量のほとんどは中身の量じゃない

　君の身体はぎっしり詰まった"中身"でできているって思って
いるよね？　何て言ったって、君は自分が食べたものでできてい
て、君は中身のある食べ物を食べているんだから。稲妻とか太陽
光線なんて食べていない。しかも腕に指を押しつけたら、すごく
中身が詰まっているみたいに感じられる。

　でももっと目を近づけて、君の身体を作っている部品にズーム
アップしていくと、実はそうじゃないんだってわかってくる。身
体の中にあるどれか1個の原子を見てみると、ほとんどスカス
カなんだ。原子の質量のほとんどは原子核が持っていて、陽子や
中性子は電子の2000倍重い。さらにおもしろいことに、『あの
世はあるの？』の章で話したとおり、陽子や中性子を壊すと"ア
ップ"と"ダウン"っていうクォークでできているのがわかる。
陽子はアップクォーク2個とダウンクォーク1個、中性子はダ

ウンクォーク2個とアップクォーク1個でできている。

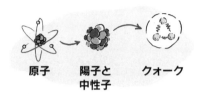

原子　　**陽子と**　　**クォーク**
　　　　中性子

　だから実は、君の身体の質量はほとんどこのクォークの集団が持っている。でも本当におもしろいのは、そのクォークの集団をバラバラにしたときにどうなるかだ。

　クォーク3個が集まったもの（たとえば陽子）の質量を量ると、約 938 MeV/c² っていう値になる（1 MeV/c² は約 1.7×10^{-30}kg）。

　でもその陽子をクォーク3個にばらすと、アップクォーク1個の質量は約 2 MeV/c²、ダウンクォーク1個の質量は 4.8 MeV/c² しかない。

　クォーク自体はほとんど質量を持っていないんだ！　陽子の質量の 1% にもならないんだ。

　ところがそのクォークを3個集めると、なぜか質量が 100 倍に増えてしまう。レゴブロックを3個つなげたら、突然レゴブロック 300 個分の重さになってしまったみたいなもんだ。何が起こったの？　その質量はどこからやって来たの？

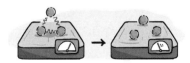

　驚くことに、その質量はクォークどうしを結びつけているエネルギーから来ているんだ。

　このように、エネルギーは質量みたいに振る舞うっていうすごい事実がわかった。エネルギーを1か所に集めて、たとえば2個の粒子をつなぐ結合の中に閉じ込めると、質量の大きい物体を押したり引いたりしづらいのと同じように、そのエネルギーも押したり引いたりしづらくなる。その2個の粒子をばらしてエネルギーを追い払うと、粒子はもっと簡単に動き回れるようになる。つまりエネルギーそのものが動かしにくい（慣性を持っている）んだ。

うーん!

　しかもそれだけじゃなくて、エネルギーは重力もおよぼす。閉じ込められたエネルギーは、質量を持った物体と同じように空間をゆがめてほかの物体を引き寄せるんだ。

　だから陽子の質量は、3個のクォーク自体の質量プラス、それらをつなぎ合わせている結合（クォークの場合は強い核力）のエネルギーっていうことになるんだ。

　それは陽子だけじゃなくて自然界のどんなものにもいえる。たとえばラマの質量は、ラマを形作っている全素粒子の質量プラス、それらの素粒子を一つにまとめるために必要なエネルギー（原子間のふつうの化学結合も含む）っていうことになる。ラマを2つに切る

と（ごめんね、ラマ）、その2つの切れ端の質量の合計はもともとのラマの質量よりも小さくなるんだ。

いやそうじゃ
ないだろ

じゃあその減った質量はどのくらいのエネルギーに相当するんだろう？　そう、$E = mc^2$ を使えば計算できるんだ。

これが $E = mc^2$ っていう式の意味の一つ。質量はエネルギーと同等だっていうことだ。そして僕たちが自分の身体の質量だって考えているものは、実はほとんど（約99%）がただのエネルギーなんだ。

残り1%

じゃあ残りの1%は何なの？　それはやっぱり"中身"の量なんじゃないの？　実はそうともいえないんだ。

ここ100年くらいで、素粒子の質量の正体についてもいろんなことがわかってきた。どんなに細かく見ても、いまのところクォークとか電子といった素粒子はもっと小さい部品でできているんじゃないみたいだ。だからその質量も、もっと小さい部品をつなぎ合わせているエネルギーから来るものじゃない。じゃあその質量はどこから来たんだろう？

　さっき説明した、1880年代に最初に考え出されたあのアイデアは、実はいい線をいっていた。電子は自分が発生させた磁場のせいで動きづらくなっている。でも電子を押し返してくる場がもう一つある。それをヒッグス場っていう。宇宙全体を満たしているこの量子場が、あらゆる物質粒子の足を引っ張って動きづらくしているんだ。素粒子とヒッグス場の相互作用、それが素粒子の質量の由来だったんだ。でもこれじゃあまだ説明は中途半端。

　もっとちゃんと説明すると、その質量はヒッグス場のエ・ネ・ル・ギ・ー・から来ている。ヒッグス場に蓄えられているエネルギーと強く相互作用する素粒子は、かなり動きづらくなる。もっと弱く相互作用する素粒子はもっと動きやすい。つまり各素粒子の質量は、実はヒッグス場のエネルギーとの関係性の強さにほかならないんだ。

　さらにもう一歩踏み込んでみよう。量子力学によると、クォークや電子自体も、宇宙に満ちた量子場の中に発生したエネルギーの小さなさざ波でしかない。叫び声が空気の振動で、海の波が水の振動なのと同じように、素粒子もエネルギーの塊にすぎない。つまり素粒子自体もただのエネルギーなんだ！

重々しい結論

　っていうように、物体の質量のほとんどはその物体を一つにまとめている結合のエネルギーで、一個一個の素粒子の質量もただのエネルギーだ。するとこの2つの手掛かりから、ちょっとショッキングな驚きの結論が出てくる。僕たちが"質量"だって思っているものなんて実は存在しない。何もかもがただのエネルギーなんだ。

　宇宙空間に浮かんだあの石ころが光子を放つと質量が小さくなるのもそのせいだ。質量が小さくなったのは、物質がエネルギーに変換されたからじゃない。物質は全部もともとエネルギーなんだ。あの石ころはあるタイプのエネルギーを別のタイプに変換しただけだ。この場合は、分子の運動や振動のエネルギーが光子に変換したことになる。

　だから、宇宙空間に浮かぶあの石ころは質量とエネルギーの両方を持っているんだなんて考えちゃいけない。いろんなエネルギーが集まった大きな塊だって考えるんだ。そのエネルギーの一部は素粒子の中に、一部は素粒子どうしの結合の中に、一部は素粒子の運動の中に潜んでいるけれど、全部同じエネルギーなんだ。

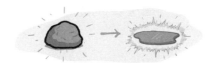

　逆のことも起こる。石ころが太陽光を吸収して温度が上がると、エネルギーが増える。エネルギーが増えれば石ころは動きづらくなるし、重力で強く引っ張られるようになる。つまり熱い石ころは冷たい石ころよりも本当に重いんだ。もちろんその差はすごく小さい。質量の変化する量を計算するためには、光子のエネルギーを光の速さの2乗で割らないといけないんだったけれど、光の速さの2乗なんてすごく大きい値だ。

「質量はエネルギーと同じものである」。これが $E = mc^2$ の本当の意味だ。最近では物理学者は、質量もエネルギーの一つのタイプだって言っている。ほかにもエネルギーのタイプがあるからだ。たとえば光子は、エネルギーは持っているけれど質量は持っていない。

ジャスト・ドゥー・イット

　この有名な数式は、質量とエネルギーのあいだに深いつながりがあることを教えてくれた。でも、質量はエネルギーに姿を変えられる何かだっていう意味じゃない。質量もただのエネルギーだ。質量は素粒子の持っているエネルギーであって、そのエネルギーは素粒子どうしの結合や、ヒッグス場との相互作用に含まれてい

るんだ。

　エネルギーが慣性を持っていたり重力を感じたりするだなんて、直感に反していて不思議な感じだ。でもそれは、何百年ものあいだ質量を間違ったふうにとらえていたからでしかない。"中身"なんてものは存在しない。存在するのはエネルギーだけで、そのエネルギーが空間の形（重力）と物体の運動のしかた（慣性）に影響を与える。そしてこの重力と慣性は、アインシュタインの相対性理論に出てくるかっこいい方程式で結びつけられている。

　僕たちの宇宙観は根こそぎひっくり返ってしまった。宇宙が物質とエネルギーに満ちているだなんてもう思えない。宇宙全体は僕たちを含めてただのエネルギーだ。僕たちはまさにエネルギーでできた輝かしい存在なんだ。

　でも、目からレーザー光線を出せるなんてことはないからね。

16
宇宙の中心ってどこなの？

中心っていうのは大事な場所だ。

たとえば君の住んでいる町の中心は繁華街になっているだろう。おいしいパン屋が立ち並んでいたり、大事な決定が下されたりと、たいていの活動がそこでおこなわれている。しかも町の中心はたいてい一番歴史があって、そこで最初にパンが焼かれたり最初に家が建てられたりした。

老舗のパン屋

すごくスケールを広げると、宇宙のいろんな構造についても同じことが言える。太陽系にも中心がある。太陽だ。僕たちを作ったガスと塵の雲から最初にできた天体だし、いまでも一番密度の高い場所だ。しかも光とエネルギーを一番大量に放っていて、太陽系の中でもきっと一番にぎやかな場所だ。太陽の表面にいてあたりが真っ暗になることなんて絶対ない。天の川銀河にだって中心がある。そこには恒星数百万個分の質量を持った超重いブラ

ックホールがあって、重力であらゆる天体をつなぎ止めている。

でも中心が大事なのは、場所の基準になるからでもある。自分の居場所を知るのに役に立つし、ほかのものに対して自分がどこにいるのか見当をつけられる。それがわからないと、漂流したり迷子になったりした気分になってしまうだろう。コンパスを持たずに大海原に取り残されたり、IKEA の店内で足が止まったりしたみたいにね。

じゃあ宇宙全体についてはどうだろう？　あらゆることが始まって、宇宙の大事な活動が全部おこなわれている中心ってあるの？　もしあるとしたら、地球はそこからどれだけ離れているの？　僕たちは活動の中心地の近くに住んでいるの？　それとも名もなき辺鄙な場所に住んでいるの？

あたりをぐるっと見渡して"万物"の中心地を見つけてみよう。そこに行ったら何かすごいことをやっているかもしれない。

僕たちにはどこまで見えるの？

町の中心なら地図を見ればたいてい見つかる。でも残念なこと

に宇宙全体の地図なんてない。僕たちには宇宙全体が見えないからだ。それは、何かに視界が遮られているからとか、宇宙が大きすぎるからとかじゃなくて、光の速さがとんでもなく遅いからだ。

　光は IKEA で競い合って買い物をする人や飛行機に比べたらすごく速いけれど、無限に速いわけじゃない。だから、何億兆 km もの宇宙空間を横切って僕たちに遠くの宇宙の様子を伝えてくれるのには時間がかかる。しかも困ったことに、この宇宙は若すぎるから僕たちには全貌が見えない。

　物理学者によると宇宙はいまから 140 億年前に生まれたそうで、そのせいで僕たちに見える光子は限られている。あまりにも遠すぎて、地球に光が届くのに 140 億年以上かかるような天体は、僕たちには見えないんだ。僕たちに見える一番遠い天体は、宇宙誕生直後にこっちに向けて光を放った天体だ。それより遠い天体は、こっちに向かってくる光が地球に到着するのにかかるだけの時間がまだ経っていないんだ。

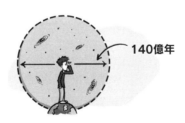

　僕たちに見える宇宙の範囲のことを"観測可能な宇宙"っていう。光はどの方向にも同じ速さで伝わるから、この範囲は君（もっと正確に言うと君の眼球）を中心とした球になる。

　確かに観測可能な宇宙はすごく広い。しかも宇宙は膨張してい

るから、実際には全方向に 140 億光年よりももっと広い。140 億
年経っていま地球に届いた光を放った天体は、いまではさらに遠
くにある。宇宙が大きくなったからだ。この宇宙の膨張を考え合
わせると、僕たちに見える範囲は約 465 億光年にまで広がって、
観測可能な宇宙のさしわたしは 930 億光年っていうことになる。
この観測可能な宇宙の中心はどこかって聞かれたら、答えは簡単。
君だ。僕たちはみんなそれぞれ自分なりの観測可能な宇宙の中心
にいる。みんな少しだけ違う場所で光子を受け取るからだ。

　しかも一人一人の観測可能な宇宙は年々大きくなっている。宇
宙が膨張しつづけているからだけじゃなくて、時間が経つにつれ
て僕たちのもとにたどり着ける光子が増えて、どんどん遠くまで
見えるようになるからだ。

　でももちろん、観測可能な宇宙は実際の宇宙と同じ大きさじゃ
ない。僕たちの視界に限界があるからといって、宇宙に中心があ
るかどうかはまた別の話だ。もしも観測可能な宇宙が実際の宇宙
と同じくらいのサイズだったら、実際の宇宙の中心がどこなのか
もうすぐ当たりをつけられるようになるかもしれない。でももし
かしたら、実際の宇宙は僕たちに見える範囲よりもずっと大きい
のかもしれない。僕たちに見えるちっぽけな範囲は物寂しい町外
れにあって、楽しいことを全部見逃しているのかもしれないんだ。

宇宙にはたいして
おもしろいことは
ないみたい

宇宙の構造から探る

　理屈の上では観測可能な宇宙の端まで見ることができるけれど、いまはやっとあたりを見回して近くに何があるのかわかりはじめたばかりだ。強力な望遠鏡を組み立てて遠くの暗い銀河を間近に見られるようになったのはごく最近のことだ。

　あたりを見回して最初にわかったのが、恒星や銀河はこんがり焼いたマフィンの中のチョコチップと違って、宇宙全体に均等に散らばってはいないことだ。重力によって 140 億年かかってせっせと集まってきたせいで、大きな構造を形作っているんだ。

　僕たちの住む天の川銀河は、近所の銀河からなる小さな集まり、"局所群"に属している。局所群の中の銀河は共通の中心のまわりをビュンビュン回っていて、ときどきぶつかり合っている。お隣さんのアンドロメダ銀河は、いまから約 50 億年後に天の川銀河と衝突する。この近くにはほかにも似たような銀河の集まり、銀河団がいくつかあって、それらがまとまってさしわたし何億光年もの超銀河団を作っている。

　でも僕たちが住んでいるような超銀河団も、宇宙で一番大きい構造じゃない。ここ数十年、望遠鏡での観測によって、超銀河団がいくつも集まってさらに大きい構造を作っていることがわかってきた。巨大な壁がいくつもそびえていて、そのあいだにはさしわたし何億光年もの何もない巨大空間が泡みたいに広がっているんだ。まだ全体像はまとまっていないけれど、わかっている限りこの泡が宇宙で一番大きい構造だ。

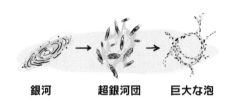

銀河　　　　超銀河団　　　巨大な泡

　じゃあそれを見れば、宇宙の中心がどこなのかわかるんだろうか？　僕たちに見える構造から宇宙の中心について何かヒントが得られたらすごいことだ。町の中心に近づくほど建物が高くなるのと同じように、宇宙の中心に近いほうが銀河が混み合っているみたいなパターンがもしかしたら見つかるかもしれない。

　でも残念なことに、この巨大な泡の連なりを見ても宇宙の中心がどこなのかはほとんどわからない。どの方向にもかなり均等に連なっているみたいなんだ。ある方向のほうが密集していることもないし、中心の場所のヒントになるみたいなパターンもない。

銀河の動きから探る

　宇宙の中心を見つけられるかもしれないもう一つの方法が、銀河や超銀河団がどんなふうに動いているかに注目することだ。太陽系の中心がどこなのかは、全惑星の軌道を見ればわかる。銀河の中心も、その中の全恒星の経路を見れば見つけられる。

　宇宙に見える天体はすべて動いている。始まりの瞬間であるビッグバン以来ずっと、宇宙にある天体は空間の中で飛び散っているんじゃないの？　だから宇宙の全天体の動き方を見れば、宇宙

の中心がどこなのかわかるんじゃないの？

　たいていの人はビッグバンを爆発みたいなもんだってイメージしている。宇宙の中身が全部小さな点の中に詰め込まれていて、それが爆発して空間の中で飛び散ったっていうんだ。だからすべての天体がどっちに動いているかを見て、時計の針を逆回しすれば、その爆発の爆心地がどこだかわかるんじゃないの？　三角測量みたいなことをすれば宇宙の中心が見つかるんじゃないの？

　それを明らかにするために、地球から見えるたくさんの銀河の速度が測られている。その速度を測るためには、僕たちのところにやって来る光の色を見ればいい。パトカーが近づいているときと遠ざかっているときでサイレンの音が違って聞こえるのと同じように、動いている銀河からやって来る光は振動数が変化する。僕たちから遠ざかっている銀河は赤っぽく見えて、僕たちのほうに近づいている銀河は青っぽく見えるんだ。

　じゃあ実際どんなふうに見えるんだろう？　銀河は確かに動いていて、それぞれスピードが違う。ところがすごいことに気がついてしまった。銀河の動きを見てみると、すべての銀河が僕たちから遠ざかっているんだ！

っていうことは、僕たちは宇宙の中心にいるの？　ビッグバンが起こったのはこの場所で、ここからあらゆるものが飛び散ったの？

そんなことはない。ビッグバンは実際には爆発なんかじゃない。空間が膨張したって言うほうが正しいんだ。

何が違うっていうの？　爆弾が爆発すると、中心からあらゆるものが吹き飛ばされる。破片はすべて一か所から遠ざかっていて、その経路を逆にたどればどこから飛んできたかわかる。だから爆弾の爆発した地点を突き止めるのは簡単だ。破片がどこから飛んできたかをたどるだけでいい。

でも膨張は、一つの中心からじゃなくてあらゆる地点で起こる。オーブンの中でパン生地が膨らむみたいなもんだ。中心から外側に向かって大きくなっていくだけじゃない。それと同時に、生地の中のあらゆる場所で小さな空気の泡が膨らんで、生地が均等に膨らんでいくんだ。もしも君が膨張中の生地の中にいたら、その場所がどこであっても、生地のあらゆる部分が自分から遠ざかっているみたいに見えるだろう。銀河が僕たちから四方八方に遠ざかっているように見えるのも同じ理屈だ。膨張している宇宙のどこにいたとしてもそんなふうに見えるんだ。

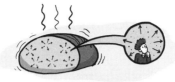

宇宙が膨らむ

　だから残念なことに、宇宙の膨張の様子から宇宙の中心がどこかを言い当てることはできない。膨らむパン生地と同じように、宇宙があらゆる場所で大きくなっていることしかわからないから、中心はここかもしれないしどこか別のところかもしれないんだ。

　しかも悲しいことに、巨大な泡や超銀河団の動きからも、宇宙の中心がどこなのかはわからない。全部がどこか一点を中心に回っていたらすごいけれど、いまのところそんなふうには見えないんだ。

宇宙のパン皮を見つける

　っていうことは、宇宙の中心なんて絶対に見つけられないの？　そうとも限らないんだ。

　パン生地は確かにあらゆる場所で膨らんでいるけれど、でも中心はちゃんとあるじゃないかって？　そのとおりだ。パン生地はあらゆる場所で膨らむし、しかも中心を持っている。でもそれはパンの形による。

　中心を決める一つの方法が幾何学だ。パンの場合、どの方向にも同じ量のパンがあるような地点が中心だ。その地点を突き止め

るためには、パンの端っこ（パリパリした皮）をずっとたどっていってその真ん中の点を見つければいい。

**パンのジョークは
絶対古くならない**

それと同じような方法で宇宙の中心を見つけられないの？　確かに。でもそれは、そもそも宇宙に形があるかどうかによる。

問題は、宇宙にパンの皮みたいなものがあるのかどうかがぜんぜんわかっていないことだ。観測可能な宇宙の端よりも先は遠すぎて見ることができないから、そこから先がどうなっているのかはわかりようがないんだ。でもいくつか考えられる可能性はある。

宇宙は丸っこい

もしも宇宙に形があってパンみたいな形だったら、中心はあるはずだ。その中心は、ビッグバンで最初に作られた物質が残っていたりする大事な場所かもしれないし、まさに宇宙誕生の地かもしれない。でも別に特別な場所じゃないっていう可能性もある。たまたま真ん中だっただけなのかもしれない。オクラホマ州はアメリカ合衆国のど真ん中だけれど、すごく大事な場所だなんて思っている人はほとんどいない（ごめんよ、オクラホマ）。

宇宙は無限に広がっている

　この宇宙はやりたい放題で、超銀河団の泡々で空間を果てしなく満たしているっていうこともありえる。「果てしなく」なんてなかなかイメージできないけれど、どの方角に飛んでいっても宇宙がけっして終わらないっていう意味だ。変だと思うかもしれないけれど、大勢の物理学者が宇宙は有限よりも無限のほうが理屈に合うって言っている。

　もしも宇宙が無限に広いとしたら、ショッキングなことが言える。宇宙には中心がないんだ。どの方角にも同じ量の中身があるような地点を中心と定義することにしよう。すると無限の宇宙ではどの方角にも無限の量の中身があるんだから、すべての地点がこの定義を満たしてしまうんだ。

宇宙は変な形をしている

　最後に考えられるのは、この宇宙は有限で形があるけれど、その形が中心のないような形だっていう可能性だ。そんなことあり

えるの？　空間はゆがむことがあるから、まっすぐ広がっている
とは限らない。そうするといろんなおもしろい形の空間が考えら
れる。たとえば地球の表面が丸まっているのと同じように、宇宙
も丸まっているのかもしれない。だとしたら中心はどこなんだろ
う？　地球の表面に中心がない（オクラホマも違うよ）のと同じよ
うに、宇宙にも中心がないのかもしれない。また、宇宙がドーナ
ツ形みたいな変な形に丸まっているっていうこともありえる。も
しそうだとすると、宇宙には中心があるけれど、その中心は宇宙
の中にはないことになるんだ！

聖なる穴の中心

　宇宙にはパンの皮みたいなものがあるんだろうか？　それとも
無限に広がっているんだろうか？　ドーナツ形をしているんだろ
うか？　それをじかに確かめられるくらい遠くまで行くのは無理
そうだけれど、それでもどの可能性が正しいのか明らかにするこ
とはできるかもしれない。空間の性質を調べてこのあたりでの曲
がり具合を見れば、いつか空間全体の形を推測できるかもしれな
い。そうしたら、宇宙は永遠に広がっているのか丸まっているの
かわかるかもしれないし、幾何学的な中心の方向がなんとなくわ
かるかもしれない。

中心ポイント

　残念なことに宇宙の中心がどこなのかはいまのところわかっていないし、もしかしたら絶対にわからないかもしれない。そもそも宇宙に中心があるかどうかすらわかっていないんだから！

　でも宇宙に中心があったとしてもなかったとしても、一筋の希望はある。宇宙があらゆる場所で膨張していることは確実にわかっている。ビッグバンが空っぽの空間の中で起こった爆発じゃなくて、空間自体の膨張だったってこともわかっている。っていうことは、どの場所もある意味同じくらい重要で、宇宙の中に特別な場所なんてないことになる。パン生地と同じように、宇宙のすべての地点で新しい空間が作られていて、すべての地点がそれぞれ独自のちっぽけな宇宙の中心なんだ。

　物理法則はどこかの地点をひいきすることなんてないから、物理学者にとってはこのシナリオのほうが自然だ。もしも中心があったら、「どうしてそこが中心なんだ」、「どうして別の場所じゃないんだ」って聞きたくなるだろう。宇宙は平等だって決めつけたほうがずっと簡単なんだ。

　だから結局、宇宙の中心がどこかなんて知らなくていいんじゃないのかな。みんなそれぞれ自分なりの観測可能な宇宙の中心に腰を落ち着けて、ほかの人の見ている宇宙に思いを馳せ、自分の宇宙が全方向に（たぶん永遠に）膨張するにつれて意識と認識を広げていけばいいんだ。

宇宙：「パン持ってけよ」

　おまけの宿題：グーグルマップで "center of the universe"（宇宙の中心）って検索してズームアップしてみよう。

17
火星を地球に
変えることはできるの？

地球ってすごくいい場所だよね？　景色は素晴らしいし、屋台の食べ物はおいしいし、いい学校もある。気をつけていれば人類は長いあいだ地球上で居心地よく暮らせるはずだ。

でも僕たちが住める惑星は地球だけなの？　残念なことに太陽系を見回しても、地球と同じくらい快適な環境の惑星どころか、適当な温度で呼吸できる大気があって、表面に液体の水があるっていう基本的な条件が整っている惑星すら見当たらない。

ここよさそうね　　　空気がないの？まあいっか！

たとえ地球に似た惑星が太陽系の外で見つかったとしても、ワープドライブを発明するかワームホールを操る方法を見つけるかしない限り、そこまで行くのに何十年も何百年も、何千年もかかってしまう。じゃあもっと近くで格安のおんぼろ物件が見つかったとしたら？　ちょっと修繕してペンキを塗らないといけないかもしれないけれど、それだったらニオイのこもった植民船に何十

年も押し込められなくても行けるんじゃないの？

　じゃあ目と鼻の先の惑星にあたってみよう。火星だ！　ちょっと修理して便器を新しく変えないといけないけれど、なかなか良さそうだ。しかも3つの大事な項目でスコアがすごく高い。近さ、近さ、近さだ。

　火星をリフォームするにはどうしたらいいんだろう？　地球と同じくらい住み心地よくできるんだろうか？

さぁ、やりましょ！

火星で暮らす

　火星を住める場所にしたいっていうのは、できるだけ地球に似せたいっていうことだ。理屈の上では宇宙基地を作ってその中で暮らすこともできるけれど、ただし外に出るときには立派な宇宙服を着ないといけない。都市を丸ごと囲うような巨大ドームを建てて、ずっとその中で暮らしてもいい。でもどんな暮らしになるのかわかったもんじゃない。

　本当に"我が家"って呼ぶためには、自由に歩き回って緑の公園で新鮮な空気を吸い、地面を踏みしめられる場所がいい。散歩に行くだけなのにわざわざ宇宙服を着たり、宇宙線を防ぐためにSPF1000の日焼け止めを塗りたくったりするのはごめんだ。

　火星の入居条件はあんまり良くない。火星をもっと地球みたいにするためには、暮らしにくい現在の状況をいくつか変えないといけない。

　・表面に液体の水がない。

　・すごく寒い（一年中南極にいるみたいだ）。

　・呼吸できる大気がない。

　・有害な宇宙線が降り注いでいる。

じゃあ一つずつ片付けていこう。

水だ、水

　誰でも知っているとおり、水は生命と直結している。僕たちの知っているどんな生命も水がないと生き延びられないし、しかも生命は水の中で誕生したって考えられている。太陽系の中で地球外生命がいそうな場所を探すときには、何よりもまず「液体の水はどこにあるのかな」って考えるもんだ。太陽系の中で表面に液

体の水が見つかっている天体は、いまのところ地球だけだ。だから簡単に手に入る液体の水はぜひほしい。できれば美しい湖と流れる小川がね。

プール入りたい

　もちろん"液体"だっていうのが大事で、実は水分子自体は太陽系の中に少なくはない。それどころか天王星や海王星は固体の水をすごく大量に持っていて、"巨大氷惑星"って呼ばれているくらいだ。準惑星ケレスは半分氷でできているらしいし、オールトの雲の中にある天体の多くは汚れた巨大な雪玉みたいなもんだ。

　地球上に存在する水の大部分は、太陽系の端のほうからやって来たって考えられている。生まれたての地球は高温で、もともと持っていた大量の水は蒸発して宇宙空間に逃げてしまったけれど、後から彗星などの氷天体がいくつも衝突して水が補充されたんだ。そう、地球の海は融けた宇宙の雪玉で満たされているんだ。今度水を飲むときには、冷たくておいしい融けた彗星の味をぜひ味わってほしい。

新ビジネスのアイデア

　火星の表面にはもちろん海はないけれど、いまでも表面には凍った水が、地下深くには液体の水が大量にある。火星も地球と同じように、赤道よりも北極・南極のほうが寒い。そして両極は地球と同じく氷に覆われている。しかも大量にだ。すごく大量で、全部融かしたら火星は深さ 30 m の海で覆われてしまう計算になる。火星で暮らす未来の人類が飲んだり泳いだり、テーマパークのウォータースライダーを建てたりするのには十分な量だ。

　新しい我が家に海や川がほしいんだったら、この氷を融かして再び凍らないようにすればいい。でも火星の表面はものすごく寒いし、大気もすごく薄いから、一筋縄じゃいかない。液体の水を外に出したら、凍ってしまうか、または蒸発して宇宙空間に飛んでいってしまうのがオチだ。

　でもうれしいことに、火星を温める方法と大気を作る方法が見つかれば、液体の湖や海を作ることができて、我らが愛しい地球に一歩近づけるだろう。

火星をポカポカにする

　見た限り、火星の表面はポカポカで暖かいんじゃないの？　なにしろ赤く輝いているし、砂漠そっくりに見えるんだから。でも実は火星はものすごく寒い。赤いのは土の中の酸化鉄のせいだ。火星表面の平均温度は -60 ℃、地球の南極よりもずっと寒いんだ。

　火星のサーモスタットをオンにして暮らしやすい場所にするためには、そもそも惑星は何で温まるのかを考えないといけない。惑星表面の温度はおもに次の2つで決まる。

（a）太陽からどれだけの熱を受け取るか。

（b）その熱をどれだけ蓄えるか。

　太陽系ではほとんどの熱は太陽からやって来るから、惑星が受け取る熱の量はその惑星が太陽系の中のどこにあるかで決まる。太陽に近い惑星ほど大量の熱を受け取る。火星は太陽から4番目に近い惑星だから、そこそこの量の熱を受け取っている。でももう1個近い地球に比べたら少ない。

　一つ考えられる解決法は、太陽から火星までの距離を変えてしまうっていう方法だ。惑星サイズの巨大ロケットを作って火星に

しばりつけ、もっと近い軌道に持っていくんだ。もっと安上がり
だけれど危険な方法が、別の重い天体の重力で引っ張るっていう
やり方。巨大小惑星をくすねてきて火星に近い軌道に置けば、そ
の重力で火星をうまい方向に引っ張ってこられるかもしれない。
もちろんその小惑星が火星に衝突しなければの話だけれど。

　ちょっといかれた方法だって思ったんだったら、もっとうまく
いきそうな別の解決法を考えないと。たとえば、太陽から受け取
った熱がもっとたくさん蓄えられるようにすれば、火星の温度を
上げられるだろう。地球などの惑星はモコモコのダウンベストも
パーカも着ていないけれど、大気は持っている。大気は呼吸をし
たり美しい夕日を見せてくれたりするだけじゃない。温室効果の
おかげで惑星のジャンパーみたいな働きをするんだ。

大気：いつもホットなジャンパー

　太陽からやって来た光が惑星に当たると、石ころや山など、表
面にあるあらゆるものが温まる。そして温まると赤外線を放つ。[36]
ふつうならそのエネルギーは宇宙空間に放射されてどこかに行っ
てしまう。でも大気があるとその放射が中に閉じ込められる。そ

36　それは地球や火星が太陽よりも温度が低いから。宇宙にあるどんな天体も光を放っていて、そ
の波長は天体の温度で決まる。太陽は可視光線を放っているけれど、地球みたいな惑星は赤外線を放
っているんだ。

こで鍵になるのが、大気の中に二酸化炭素（CO_2）があるかどうかだ。

　二酸化炭素はマジックミラーみたいな働きをして、ある決まった種類の光だけを吸収する。その光っていうのは赤外線だ。太陽からやって来た可視光線は二酸化炭素を通り抜けるけれど、惑星表面から出てくる赤外線は二酸化炭素に遮られてエネルギーが閉じ込められ、惑星を温める。もちろん二酸化炭素が多すぎたら惑星がオーバーヒートしてしまうのはわかるよね？

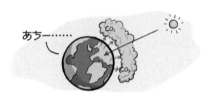

　火星にも大気があって、そのほとんど（約95%）は二酸化炭素だ。でも残念なことに、火星の大気はすごく薄い。気圧でいうと地球の100分の1以下だ。だから火星表面に当たった太陽光のエネルギーは、ほとんどそのまま宇宙空間に逃げていってしまう。

　大気に大掛かりに手を加えて大気中の二酸化炭素の量を増やせば、火星をもっと暖かくすることができる。でも火星に当たる太陽光は地球よりも少ないから、温室効果をフルに働かせるためには、二酸化炭素が地球よりもたくさん必要になる。じゃあその二酸化炭素はどこから調達すればいいの？

　最近まで地球の二酸化炭素のほとんどは火山の爆発で発生していた。でも火星には二酸化炭素を吐き出す活火山なんて一つもな

い。火星の内部は冷たくて固いから、融けた溶岩が川みたいに流れて火山から噴き出すことはない。科学者によると数億年前はそうじゃなくて、火星の内部は高温で融けていたそうだ。でも火星は地球よりも小さくて直径が半分くらいだから、冬の寒い朝に小さいカップに入れたコーヒーみたいに、地球よりも速く冷えて固まってしまったんだ。

ちょっとうれしいのは、火星にも僕たちが使えそうな二酸化炭素の調達先が少ないながらもすでにあることだ。両極の氷の層は凍った水だけでできているわけじゃない。その氷の多くは実は凍った二酸化炭素なんだ。まさにほしかったものじゃないか！　どうにかして両極の氷を融かすことができれば、大量の水が流れ出して少量の二酸化炭素が放出され、それで火星は暖かくなってくれるだろう。

でも残念なことに、両極にある二酸化炭素を全部残らず放出させても、火星をポカポカに温めるのに必要な二酸化炭素の約50分の1にしかならない。

ほかにも二酸化炭素の調達先はあるの？　実は小惑星や彗星の中には凍った二酸化炭素が大量に含まれている。そこで一つの解決法が、宇宙船で彗星を小突いて火星表面に衝突させるっていう

方法だ[37]。でもすごくたくさん彗星が必要で、きっと数万個や数億個は要るだろう。

彗星誘導宇宙船艦隊を建造する前に、もう一つ問題がある。火星を温めるのに必要な量の二酸化炭素が大気に含まれていると、困ったことにその大気は人間にとって毒になってしまうんだ。肺の中にちょっとだけ二酸化炭素が入ったくらいなら耐えられるけれど、多すぎると眠たくなったり頭痛がしたり、脳にダメージが出たりして、最終的には死んでしまう。残念なことに火星に二酸化炭素の毛布をどんどんかぶせていっても、めでたしめでたしってことにはならないんだ。

でも火星を温める方法がもう一つある。宇宙空間に巨大な鏡を浮かべて太陽光をたくさん反射させ、火星表面に当てるんだ。どのくらいの大きさが必要なんだろう？　火星を温めるのに十分な光を集めるためには、火星サイズの鏡が必要なんだ。ちょっとやそっとのプロジェクトじゃない。でもそうすれば、両極の二酸化炭素と水を放出させるのに必要な熱を与えることができて、火星はもっと暖かくなるし湿り気も出るだろう。

37　人間を送る前にやったほうがいい。

そうそう、酸素だ

どうにかしてちょうどいい気温まで上げて、極地方の氷を融かして川や湖を作っても、火星を地球の代わりにするためにはまだまだやることがたくさんある。大気を呼吸できるようにしないといけないんだ。はっきり言うと酸素が必要だ。ピクニックに出掛けたり、隣の家に小麦粉をちょっと借りに行ったりするたびに酸素マスクをつけるなんて、みんなきっとごめんだよね？

太陽系の中で酸素はすごくありふれた存在だけれど、僕たちが呼吸できるような酸素は驚くほど見つけにくい。人間の肺に必要なのは、酸素原子が2個つながった酸素分子 O_2 だ。酸素自体は宇宙にたくさんある。かなり軽いほうの元素だから、恒星中心部の核融合で大量に作られている。でも酸素原子はすごく人なつっこくて、まわりにあるほぼどんなものとも結合したがる。火星では水（H_2O）や二酸化炭素（CO_2）の中に酸素原子が含まれているけれど、O_2 自体はほとんどないんだ。

地球の大気はその約5分の1が O_2 だ。それは地質作用によって作られたんじゃなくて、初期の生命の副産物だ。地球上に昔からあった O_2 のほとんどは、海の中に棲んでいた微生物によって作られた。その太古の細菌は、植物が登場するよりもずっと前から光合成をおこなっていた。いまから25億年くらい前にその微生物が太陽光と水と二酸化炭素を取り込んで、O_2 をげっぷしたんだ。当時は酸素を呼吸する生物なんていなかったから、数千万年（あるいは10億年くらい）かけて酸素はどんどん増えていった。その後、この微生物が植物の中に取り込まれて、いまでも僕たちに必要な O_2 を吐き出しつづけているんだ。

すごいなぁ。
彗星水ができたと思ったら
今度は細菌のげっぷかい?

どうにかして火星でも同じことを起こせないの？　うまくいきそうじゃないの？　小さな生物マシンが太陽光と融けたばかりの水、そして二酸化炭素の豊富な大気を使って、僕たちのために O_2 を作ってくれるんだ。しかもいいことにその微生物は勝手に増殖するから、火星にちょっと植え付けただけでひとりでに増えてくれる。新型クラウドソーシングみたいなもんだし、しかも支払いは太陽光で済んでしまうんだ。

でもやっぱり問題点がある。地球ではこのプロセスには長い時間、たぶん10億年はかかった。人類が誕生するよりもずっと前に始まったんだから、僕たちにとっては都合が悪い。10億年前に火星でこのプロジェクトが始まっていたら、ちょうどいま頃いい具合になっていただろう。じゃあタイムマシンでも作らない限り、火星に呼吸できる大気ができるまで10億年も待つしかないんだろうか？　微生物学者は、細菌をもっと速く増殖させてもっと必死に働かせる（そして昼休みを切り詰める）秘訣をたくさん知っている。でもちっぽけな微生物相手でもやっぱりすごく大変なことだし、いくらスピードアップさせたところで数万年や数千万年はかかってしまいそうだ。

じゃあほかに火星を酸素で満たす方法はないの？　一つの方法が、生物を使うんじゃなくて化学的に O_2 を生産する酸素工場を

建てることだ。SF みたいに聞こえるかもしれないけれど、実際にちょうどいま、マーズ 2020 ミッションの一環としてその試作装置が火星に送り込まれている。NASA がそのマシンを作ったのは、火星のサンプルを持ち帰る宇宙船のロケット燃料として使う O_2 を生産するためだったけれど、理屈の上では同じ方法で呼吸するための酸素も作れるはずだ。

磁場

　何千億ドルもかけて（または数え切れない細菌を奴隷として働かせて）ちょうどいい大気を作ったら、きっと二度と手放したくはないはずだ。せっかく作った大気がタンポポの綿毛みたいに吹き飛ばされてしまったら、世紀の大失態だ。

　宇宙空間には風なんて吹いていないんだから、そんなことありえないんじゃないの？　じゃあぜんぜん違うタイプの風について紹介しよう。その"太陽風"は、太陽から飛んでくる高速の粒子でできている。その大部分は陽子と電子で、あの美しい太陽光を生み出しているのと同じ核融合反応で作られたものだ。そのほかに遠い宇宙から"宇宙線"としてやって来る粒子もある。そうした粒子はけっして無害じゃない。それどころか実際には命に関わる。宇宙飛行士はこの有害な放射線から身を守るために、重い遮

蔽板を身につけていないといけない。高速で飛んでくるこのちっ
ぽけな銃弾の雨によって、惑星の大気は長い時間をかけて剝ぎ取
られてしまうんだ。

　ありがたいことに、ここ地球にはすごい防護システムが備わっ
ている。地磁気だ。電子や陽子が磁場に当たると進行方向が逸れ
てしまう。地磁気は太陽からやって来る有害な粒子の多くを逸ら
して、地表に当たらないようにしてくれている。その粒子はらせ
んを描いて両極に向かい、見事なオーロラを作り出す。もしも地
磁気がなかったら僕たちは有害な太陽放射線でハチの巣になって
しまうし、地球の大気も剝ぎ取られてしまうだろう。

シールド閉じろ！

　残念なことに火星には地球みたいな磁場がない。地磁気は地球
内部を融けた金属が川みたいに流れることで発生している。でも
火星は地球よりも小さくて速く冷えてしまったから、中心部が固
まって磁場が消えてしまった。磁場がないから、火星表面で暮ら
す人は鉛の板を貼った分厚いスーツで放射線をしっかり防御しな
いといけない。外に出て子供とボール遊びするたびにそんなもの
を着たくはない（「ママ、おしっこ」）。しかも磁場がないと、せっ
かく作った大気がやがて吹き飛ばされてしまう。地球よりも火星
のほうが重力が弱くて、空気の分子が表面に留まりにくいから、

この問題は地球よりも火星のほうがさらに深刻だ。

　火星の中心核を加熱して金属が再び流れ出すようにすれば磁場を復活させられるかもしれないけれど、惑星全体を一気に甦らせるようなテクノロジーなんて想像すらできない。

　でも望みはある。同じような働きをするシステムを作れるかもしれないんだ。NASA の技術者は人工的に磁気シールドを作る賢いアイデアを思いついた。ただし惑星全体をくるむんじゃなくて、太陽のそばに小さいシールドを立てるっていう方法だ。シールドが太陽に近いところにあれば、大きな"磁気の影"ができる。そのシールドを太陽と火星のあいだに立てれば、太陽風の大部分を逸らして火星の大気が吹き飛ばされるのを防げるかもしれない。

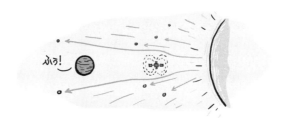

ほかの物件は？

　どれもこれもずいぶん大変そうだ。まとめると、火星を地球みたいな惑星にするためには次のことが必要だ。

・巨大な鏡で太陽光を集めて、火星を温める。

・ものすごい数の工場を建てて、僕たちが呼吸するための酸素

を生産する。

・宇宙空間に設置した磁気シールドで太陽風から火星入植者と
　火星の大気を守る。

　そこで君はこう思ったんじゃないだろうか。金星とか月も地球
に近いんだから、もっといい候補にはならないの？

　残念なことに金星は火星と逆の問題を抱えている。大量の二酸
化炭素が表面を覆っているせいで、大気が有毒だし熱が閉じ込め
られているんだ。しかも地球よりも金星のほうが太陽に近いから、
太陽光をもっとたくさん受けていて、表面温度は熱々の460℃
にもなっている。エネルギーが蓄えられているせいで表面での大
気圧もものすごく高く、金星に着陸した探査機がものの数分でバ
ラバラになってしまったくらいだ。

　それでもぶっ飛んだ考えの科学者たちは、いろいろとんでもな
いアイデアを提案している。金星から二酸化炭素をすくい取って
（巨大スプーンでも使うの？）、宇宙空間に設置した鏡で太陽光を一
部跳ね返したらどうだろう？　そうすれば金星に住めるようにな
るんじゃないの？　ほかにも、金星の上空50kmに浮かぶ空中
都市を建設したらどうだろうっていう提案もある。その高さなら
確かに気温と気圧は地球に近くなる。でも困ったことに金星の雲
は硫酸でできているから、物件広告の宣伝文句にはちょっとした
工夫が必要だ（「金星で暮らそう！　その光景を見たら息もつけない。文
字どおりにね！」）。

僕の天才的アイデア

　月はもっと地球に近いけれど、正直言ってちょっと小さすぎる。質量が地球の約 1% しかないから、重力が弱すぎて大気を捕まえておけないんだ。空気の分子が宇宙空間にどんどん飛んでいってしまうから、せっかく地球から大気を持っていっても 100 年もせずにみんななくなってしまう。

　だから近所だったら火星が一番だ。

引っ越したほうがいいの？

　火星は第 2 の我が家に一番ふさわしいかもしれないけれど、もちろん相当リフォームしないといけない。火星を住める惑星にするためには何億兆ドルも必要だし、何千年も何万年もかかるだろう。しかもそれはあくまでも最初の見積もり。不動産屋なんて、いったん契約してしまったら何かにつけて追加費用を請求してくるもんだ。

　もちろん引っ越したい気持ちがどのくらい強いかによる。巨大小惑星が地球に向かってきていて、どうしても地球を離れないといけないかもしれない。あるいは僕たちが地球の気候をめちゃくちゃにして、火星よりももっと住みづらくしてしまうかもしれない。ちゃんとした動機さえあれば、巨大な鏡とか大規模酸素工場を建設するのが一番の選択肢かもしれない。

　こう考えてみたらどうだろう。火星の表面積は約1億5000万km^2もある。だから火星に住めるようにするのに何兆ドルもかかったとしても、カリフォルニア州の土地を買うよりも安上がりで済むんだ。

18
ワープドライブは作れるの？

宙はとんでもなく広大で、どうしても探検したい魅力的な場所がいくらでもある。でも残念なことに、どこもたどり着けそうにない。

あと460億年で到着します

前のほうの章でわかったとおり、光の速さの何分の1まで加速できる宇宙船に乗ったとしても、天の川銀河の反対端まで行くだけで何十万年もかかる。ましてや、ほかの銀河（何百万光年も離れている）を訪れるとか、観測可能な宇宙の端（何百億光年も離れている）よりも先まで行くなんてお話にならない。

その限界はどう逆立ちしたって超えられない。どんなものも空間の中を光の速さより速く移動することはできないっていうルールは、厳格で曲げようがない物理法則の代表格だ。この限界の根拠になっているアインシュタインの特殊相対性理論は、大腸検査みたいに嫌って言うほど何度もテストされて、探りを入れられて、確かめられている（僕たちは何でもかんでも試してみたんだ）。

だから
本当なんですよ!

　宇宙の端まで行くためには、文明ごと宇宙を旅して、何十億年も何百億年もかけて数え切れない世代を重ねながら惑星から惑星へ少しずつ飛び移っていくしかないみたい。

　でもそれもうまくいきそうにはない。僕たちは映画とか SF とかに毒されすぎて、宇宙は自分たちの手の中にあるって考えがちだ。ちゃんとしたテクノロジーさえあれば、巨大宇宙帝国を建設したりほかの銀河を探検したりできるって思い込んでいる。宇宙船に飛び乗ってボタンを押すと、ビューン！　"ハイパースペース"に突入。前方の星々が尾を引いて、あたりに光とエネルギーが渦巻く。ピューン！　数百万光年先に到着だ。

　必要なのはそう、ワープドライブだ。

　でも"ワープドライブ"っていったい何なの？　完全に SF の世界のものなの？　それとも本物の物理学者が考えたものなの？　科学者があれほど大事にしている宇宙の制限速度を破ることなんてできるの？　じゃあボタンを押して答えにワープしていこう。

ちょっと待って、
家の電気消した？

しまった!

フィクションを実現する

いろんなテクノロジーが次のようなステップで進歩するみたい。

ステップ１：SF 作家が新しい道具を考え出す。科学的にありえるかどうかは無視無視。

ステップ２：物理学者がその道具を理論的に実現する方法を思いつく。どうやって作るかは無視無視。

ステップ３：技術者がその道具の作り方を思いつく。いくらかかるかは無視無視。

ステップ４：なんだかんだあって、いまでは君のスマートフォンの中に入っている。

「物理学者のやることリスト:
ワープドライブ, ライトセーバー、
ホバーボード……」

　ワープドライブの場合、SF 作家はステップ１でいい仕事をして、星々に行ける宇宙船搭載可能なワープドライブを思いついてくれた。次は物理学者が一肌脱ぐ番だ。
　でも物理学者はそんなの無理だって言うんじゃないの？　光より速くどこかに行くなんて、すごく頑固な法則を破ることになる

んだから。その法則については物理学者もごまかしたり大目に見たりなんてできない。でもね。若者が学ぶことが一つあるとしたら、それはいったい何だろう？　気に入った答えが出てこなかったら、問題を変えちゃえっていうことだ！

　たとえば「光よりも速く空間の中を進める宇宙船は作れるの？」っていう問題だったら、答えは絶対ノーだ。でも代わりに「光が到着するよりも速く目的地に着ける宇宙船は作れるの？」っていう問題だったら、物理学者はちょっと口ごもりながら、最後は「うーん、かもしれないね」って認めるかもしれない。若者ならみんな知っているとおり、「かもしれないね」っていうのは、「パパはノーって言いたいけど、ママに聞いてみないと」っていう意味だ。

　この２つの疑問の一番の違いは、「空間の中を進む」っていうフレーズだ。特殊相対性理論の但し書きをよく読むと、制限速度は空間の中を移動するときに適用されるって書いてある。でもどんなものだって空間の中を移動するんだから、抜け道なんてないんじゃないの？　確かにそうなんだけれど、でも抜け道はある。空間を曲げちゃうんだ。

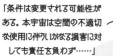

「条件は変更される可能性がある。本宇宙は空間の不適切な使用に伴ういかなる損害に対しても責任を負わず……」

物理学者がいれば弁護士なんていらないのにな！

　物理的に見て実現可能そうなワープドライブは、大きく分けて次の３種類ある。

・ハイパースペースワープドライブ

・ワームホール駆動ワープドライブ

・空間をゆがめるワープドライブ

それぞれのアイデアを見ていって、理論的に無理がないのか、実現しそうなのか考えていくことにしよう。

ハイパースペース（サブスペース、スーパースペース）ワープドライブ

いろんな SF に登場する、ワープドライブを作るための秘訣は、通常の空間（宇宙の制限速度が適用される空間）を離れて何か別の種類の空間に入ることだ。その空間の中だと光よりも速く進めるか、またはその空間は君がいまいる場所と行こうとしている場所をつないでいるらしい。このハイパースペースの中をしばらく進んでから通常の空間にそっと戻ってくればいいんだ。

フィクションの中だったらうまくいく方法で、登場人物は宇宙船の中に何万年もじっと座っていなくても銀河全体を股にかけられるし、ストーリーも大きく広がる。でも実際の物理学に基づいているんだろうか？　この宇宙と並んで別の種類の空間があって、そこに出入りできるなんてことがあるんだろうか？

このアイデアにからめてよく取り上げられるのが、"余剰次元"っていう概念だ。誰でも知っているとおり、僕たちの住んでいるこの空間では3つ別々の方向に進んでいける。それをx、y、zって書くけれど、この記号は好き勝手につけただけだ。物理学者の中には、このほかにも進んでいける方向があって、空間にはもっとたくさん次元があるんじゃないかって考えている人がいる。どんな方向でどこにつながっているのかはなかなか考えづらいけれど、弦理論など重力についての独創的な理論にはしょっちゅう登場する。そうした理論によると、この余剰次元は僕たちの知っている次元と違って丸まっていて、その中では粒子は違うルールに従って動くんだそうだ。

まさに探していたものなんじゃないの？　新しいルールが当てはまる別の空間領域じゃないか。でも残念なことに、思ったほど役には立たない。その余剰次元がもし存在していたとしても、僕たちの知っている空間と並んだ別空間とはわけが違う。僕たちの住んでいる空間が広がっただけなんだ。いま君のいる空間を離れることはできなくて、君の身体を作る粒子がのたくったり踊ったりする方法が増えるだけ。住所を1行増やすみたいなもんだ。君の居場所はもっと正確にわかるようになるけれど、配達人が近

道して君宛ての手紙をもっと速く届けてくれるわけじゃない。

　でも、このハイパースペースっていうアイデアとぴったりマッチする本物の物理理論がある。多宇宙理論だ。どこかに別の宇宙が存在していて、それは僕たちが住んでいるこの宇宙の別バージョン（量子的な出来事の最中に分裂した）か、または物理法則か初期条件が違う別の空間領域だっていう理論だ。

　もしも別の宇宙があったとしたら、この宇宙の近道に使えるかもしれない。ただしこの宇宙よりも小さいか、または制限速度が速くて、しかもこの宇宙といろんな場所でつながっていないといけない。もしそうだったら、その宇宙に飛び移って短い距離を進んでこの宇宙に戻ってくれば、出発点からすごく遠く離れた地点に行けるかもしれない。そしてなんと、そのもう一つの宇宙は光とエネルギーの渦巻くトンネルみたいなのかもしれない。

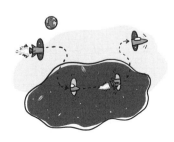

でも残念なことに、多宇宙理論はまだまだ仮説でしかない。実際に別の宇宙が存在するなんて考える理由は、この宇宙のちょっとおかしなところを説明するため以外に何もない。たとえ別の宇宙が存在していたとしても、この宇宙と何かやり取りをするのは不可能かもしれない。物理法則が違うとか、量子的に分裂したバージョンだとかいう、物理学者が夢中になっている特徴そのもののせいだ。だから一番ありえるのは、別の宇宙とつながったり行き来したりするなんて絶対にできないっていうシナリオだ。

ワームホールを使ったワープドライブ

この宇宙には、わけがわからないくらいに空間がゆがんでねじれ、僕たちが見たこともないような姿になっている不思議な場所がたくさんある。そんな謎めいた場所の中でも一番有名なのが、ブラックホールだ。生き延びるのは難しいし絶対に戻ってこられないから、おすすめの旅行先リストには絶対入らない。

でもそれとは別に、理論上の存在だけれど奇妙な空間のひだがあって、そこを使えば遠くの星まで光よりも速く行けるかもしれない。ワームホールだ。

ワームホールも SF にしょっちゅう登場する。遠い場所までの近道にとか、隣の銀河への扉を開くのにとか、部屋が全部別々の惑星上にある不思議な家を建てるのにとか、惑星を銀河帝国とつなぐためにとか、いろんなふうに使われている。ならワープドライブにも使えるんじゃないの？　ボタンを押すとワームホールが

開いて、そこを通ってどこか別の場所に行けるんだ。

　ワームホールなんて一見絶対ありえないように思える。物理学ではタブーの超光速旅行になってしまうんじゃないの？　確かにA地点からB地点まで行くときは光の速さにしばられてしまう。でもそれは、そのあいだの空間をずっと進んでいく場合だけだ。

　物理学の規則は曲げられないけれど、実はその規則で空間をゆがめて不思議な架け橋を作ることはできる。空間って聞いたら君は、宇宙っていう舞台の後ろに吊された平らな背景幕だってイメージするだろう。でも空間はもっとずっとおもしろい存在で、いろんな形になったりいろんなつながり方をしたりできる。空間はその中にある物質やエネルギーに応じて振る舞うから、ただの背景幕じゃなくて実は演技の一部に加わっている。物質とエネルギーが空間にどうやってゆがむかを指示して、空間が物質にどうやって動くかを指示する。まるで宇宙版の社交ダンスだ。

　完全に空っぽだったら空間は単純で退屈だ。でもその中に太った星をドスンと置くと、空間がゆがむ。つまり空間の形が変化して、物体が曲がった経路をたどるようになる。質量ゼロの光子が重い天体を回り込むのはそのせいだ。空間のゆがみに身を任せているだけなんだ。物理学によると、空間は滑らかであればどんな形にもなれるらしい。その一つであるワームホールでは、空間が

不思議な形に変形して遠く離れた2つの地点をつないでいるんだ。

実はワームホールはブラックホールと深い関係にある。ワームホールを作る一つのやり方が、ブラックホールの中心にある密度無限大の点、特異点を2つつなげるっていう方法だ。その2つのブラックホールが遠く離れていたら、そのワームホールは2地点をつなぐ空間の近道みたいになる。

でもこのタイプのワームホールはぜんぜん役に立たない。どうして？ 1個目のブラックホールに生きたまま入って（前に話したとおりそれだけでも大変だ）、ワームホールの反対端まで行けたとしても、もう一方のブラックホールに閉じ込められたままだからだ！ 光よりも速く別の場所に行くことはできたかもしれないけれど、その場所から二度と出てこられないんだ。

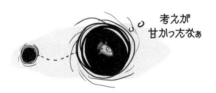

ワープドライブに使えそうなワームホールは、反対端から出てこられるようなタイプだけだ。そのためには、ブラックホールと"ホワイトホール"をつなぐワームホールを作るしかない。第5章で話したとおり、ホワイトホールは一般相対性理論から予想される仮想的な天体で、ブラックホールと逆の振る舞いをする。ホワイトホールでは、出てくることはできるけれど入ることは絶対にできないんだ。このホワイトホールをワームホールの出口だっ

て思えばいい。

　このタイプのワームホールをワープドライブに使うにしても、大きな問題が２つある。

　１つめは一方通行であることだ。ブラックホールに落ちてワームホールを通り、ホワイトホールから出てくることはできるかもしれないけれど、その反対方向には通れないんだ。でもワームホールを作って両端をひっくり返す方法がわかれば、帰還用のワームホールをもう一つ作ればいいだけだから問題ないかもしれない。

　２つめの問題は、生きたままくぐり抜けるのが難しいかもしれないことだ。ブラックホールに入るだけでもたやすいことじゃない。重力で身体がバラバラにちぎれないように大きなブラックホールを選んだとしても、そのブラックホールの中心まで生きたままたどり着かないといけない。しかもどうやって特異点に身体を押し込めたらいいんだろう？

　それについては物理学がクールな答えを出してくれている。回転しているブラックホールを選べばいいんだ。そういうブラックホールが都合がいいのは、中心がちっぽけな点じゃなくて回転するリングになっているからだ。どうしてそんなふうになるの？ブラックホールに落ちていく物質は、まず降着円盤の中でぐるぐる回転する。そしてブラックホールの中に入ってもその角運動

量はなくならない。でも特異点は大きさがなくて回転できないから、角運動量を持つことができない。だから角運動量を持っているブラックホールでは中心がリングになっているんだ！　もしもそのリングがホワイトホールとつながっていたら、理屈上はそのリングをくぐってホワイトホールに行くことができるんだ。

　ワームホールは開きっぱなしにしておくのも難しい。理論の予測によると、勝手に潰れていこうとするんだ。中心のリングも2つにちぎれて、別々の特異点を持った2個のブラックホールに分かれようとする。中に入っている最中にそんなこと絶対起こってほしくない。

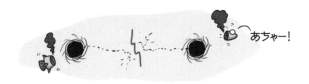

あちゃー！

　ワームホールをワープドライブに使う上での最後の問題は、いまのところワームホールが理論上の存在でしかないことだ。ワームホールが実際に存在する証拠を見た人なんて誰もいない。以上の愉快なアイデアは全部、一般相対性理論が正しいっていう前提に基づいている（いまのところあらゆる検証実験をパスしている）。でもブラックホールの中心みたいに、量子力学が無視できない超極限の場面でも正しいかどうかはわからない。ブラックホールが存在することはわかっている（見たこともある）けれど、ワームホールやホワイトホールは現時点ではただの想像だ。どうやったら作れるのかもわからない。ワームホールの作り方どころか、空間内

のどの点とどの点をつなぐのかを指定する方法もまだ誰も見つけられていない。考えてみて。決まったタイプのブラックホールを作って、それを遠く離れたホワイトホールとどうにかしてつなぐ機能を宇宙船に搭載しないといけないんだ。

　でももしもワームホールが見つかるか、宇宙に命令してワームホールを作ってもらう方法がわかるかしたら、それを使って宇宙の反対端にワープで飛んでいけるかもしれない。

空間をゆがめるワープドライブ

　もしもハイパースペースなんて存在していなくて、ワームホールに入るのも危なすぎるってなったら、ほかにワープドライブに使えるうまい物理的な抜け道なんてあるの？　実はあるんだ。

　空間は僕たちが考えているよりもずっとずっとおもしろい。"無"じゃなくて、ブルブル震えたり（重力波）、ゆがんだり（重力そのもの）、膨らんだり（ダークエネルギーと宇宙の膨張）できるんだ。どうやら空間は近くの質量やエネルギーに応じて広がったり縮んだりするらしいんだ。

　だとしたら、初心者銀河ドライバーみたいに 4.2 光年の空間をえっちらおっちら進んでいく代わりに、ここと目的地のあいだの空間をぎゅっと縮めたらどうだろう？　それと同時に後ろ側の空

間を広げたらどうだろう？

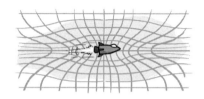

　つまり、進んでいかないといけない空間の量を減らしてしまえっていうことだ。前方の空間を縮めてそこを越えたら、後方の空間を広げて元に戻せばいい。

　たとえば次のようなステップを繰り返していったらどうだろう。前方 1000 km の空間を 0.1 nm（ナノメートル）に縮めてその0.1 nm を進んでから、後方の空間をもとの 1000 km に広げる。そうすると、0.1 nm しか進んでいないのに、実際には 1000 km 先まで行けたことになる。これを連続的に繰り返していけば、いわば逆ワープバブルの中にじっとしたままものすごいスピードで進んでいける。逆ワープバブルの中にいる君が進まないといけない距離は、4.2 光年じゃなくてたったの 4.2 km。目的地に着いたらバブルから出てきて、ほら到着だ！

　自分の足で歩く代わりに動く歩道に乗るみたいなもんだ。物理学は君が歩道を歩く速さについてはものすごく厳しいけれど、歩道自体を動かす速さに制限はない。それと同じように、空間を伸ばしたり縮めたり動かしたりするスピードにも制限はないんだ。

　でもどうやって空間を縮めたり伸ばしたりするっていうの？そもそもそれってどういう意味なの？

　空間を縮めたりゆがめたりするのは実はそんなに難しくない。君もちょうどいまやっているところだ。しかもデザートバイキングに行って体重が増えるたびにどんどんうまくなる。質量を持ったどんな物体も空間の形を変化させる。地球が太陽のまわりを回っているのもそのせいだ。トランポリンの上にボウリングのボールを置いたみたいに、太陽のものすごい質量によって空間の形がゆがんでいるんだ。そのゆがみは本物のゆがみで、時空(じくう)の中の相対的な距離が変化する。

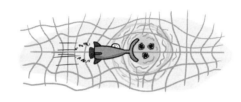

　ワープバブルが一般相対性理論の方程式を満たすことはわかっているけれど、物質やエネルギーをどういうふうに並べたらワープバブルを作れるのかは、残念なことにわかっていない。手の込んだデザートのアイデアはあるけれど、そのレシピが見当もつかないみたいなもんだ。

　一番厄介なのは、ワープバブルの後ろ半分の空間を広げないといけないことだ。質量やエネルギーがあれば空間を縮められることはわかっているけれど、じゃあ広げるにはどうしたらいいの？　宇宙の全空間はビッグバンの直後に猛スピードで膨張して、いまも膨張しつづけているし、その膨張は加速している。それはダークエネルギーのせいだって言うけれど、ダークエネルギーが何な

のかはわかっていない。実際には話が逆で、宇宙の膨張が加速していることを"ダークエネルギー"っていう言葉で表現しているだけ。何が宇宙を膨張させているのかはわかっていないんだ。

　人工的に空間を広げるために、物理学者はまた一つぶっ飛んだアイデアを提案している。正の質量で空間が縮むんだったら、負の質量を使えば空間を広げられるんじゃないの？

　負の質量だって？　いったいどういう意味なの？　わかっている限り、君のまわりのものは全部、質量がゼロ（光子）か正（君、物質、バナナ）だ。だから重力は必ず引力だとされている。磁力は引き寄せたり（冷蔵庫のマグネット）、押しやったり（リニアモーターカー）するけれど、重力はそれと違って引き寄せるだけみたいだ。でもそれは、僕たちが正の質量しか見たことがないからだ。

　負の質量なんてありえるの？　理論上はありえるけれど、負の質量を持った物質なんていまのところ誰も見たことがない。もしも実在したらものすごく不思議な物質で、変なふうに振る舞うだろう。正の質量は引力をおよぼすから、正の質量の物体と負の質量の物体を並べて置くと、負の質量の物体が正の質量の物体を押しやって、正の質量の物体が負の質量の物体を引き寄せる。すると、誰が誰を狙っているのか見当もつかない青春恋愛ドラマみたいに、あっという間にわけのわからないことになってしまうんだ。

　そんなにネガティブにならないで！僕はポジティブ♥。君が好きなんだ！

　もしも負の質量の物質を作る方法がわかったら、このタイプの
ワープドライブは実現できるんじゃないの？　またまた残念なこ
とに、ほかにもいくつか制約がある。空間を広げたり縮めたりす
るなんて安上がりにできるもんじゃない。エネルギーが必要なん
だ。

　物理学者の最初の計算だと、ワープドライブの前方の空間をゆ
がめるのに必要な物質やエネルギーの量は、宇宙の中身全体より
も大きくなってしまった。それじゃ当然うまくいかない。その後、
計算にちょっと手を加えたところ、必要なエネルギーの量は木星
全体の質量くらいにまで下がった。でもそんなに大きいガソリン
タンクを積んだ宇宙船だと、ほかの銀河に到着したときに縦列駐
車するのが相当大変だろう。

　必要なエネルギーの量をもっと減らして、たとえば 1 t 相当く
らいの手頃なレベルまで下げられるっていう話もある。でもいま
のところ、「休憩室で物理学者がそんなおしゃべりをしている」っ
てレベルの話でしかない。実際に空間圧縮マシンを組み立てたり
テストしたりした人はまだ誰もいないから、まだまだ遠い未来の
話だ。

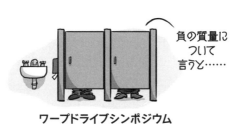

ワープドライブシンポジウム

ゆがんだ答え

宇宙の制限速度の抜け穴を見つけて星々を征服したいのはやまやまだけれど、ワープドライブのアイデアはまだまだ銀河冒険SF の世界の話だ。でもいつものように宇宙は予想のつかない場所だし、人類の能力と発明力も上がりつづけていることを忘れちゃいけない。もしかしたらいつか僕たちは、ブラックホールとホワイトホールを作ってつなぐための詳しい方法を解き明かすかもしれない。あるいは負の質量を見つけてエネルギーを操る新しい方法を発見し、ワープバブルの中に入ってほかの銀河に飛んでいける装置を作り上げてしまうかもしれない。

確かに「かもしれない」ばっかりだ。でもママに聞いてみたら「好きにしなさい」って言ってくれるかも。

19
太陽はいつ燃え尽きるの？

晴れの日もいつまでも続くわけじゃない。

1億5000万 km かなたの太陽は、ずっとそこにいてくれる頼もしい存在じゃないの？　毎日間違いなく昇ってきて、命のエネルギーをたえず浴びせかけてくれるじゃないか。でも物理学者は太陽をぜんぜん違うふうに見ている。

何だって？

　物理学者にとって太陽は、ずっと爆発しつづけている核爆弾みたいなもんだ。その激しい核反応がものすごい量のエネルギーを吐き出していて、それをなんとか抑えつけているのは太陽のすさまじい重力だけだ。次に日光浴をしたときは思い出してほしい。君は身体じゅう核爆発の光で温まっているんだってことを。

　でも物理学者は、この超激しい現象の裏ではそれを終わらせようとするメカニズムも働いていて、内蔵時計が刻々とゼロに近づいているっていうことも知っている。太陽が明るく輝く日々はいつか終わるんだ。

避難だ！

　それはもうすぐなの？　それとも備えをする時間は何十億年も
あるの？　晴れた日があと何日残っているのか、探っていくこと
にしよう。

誕生（いまから50億年前　太陽は0歳）

　いつどうやって太陽が死ぬのかを探るためには、まずはその誕
生までさかのぼらないといけない。

　太陽の誕生は燃えさかるようなドラマチックな出来事なんかじ
ゃなかった。ちょっとした爆発ですらなかった。ガスと塵（ちり）がだん
だんと集まっていっただけなんだ。そのガスの大部分はただの水
素で、宇宙が誕生してからずっと一番ありふれた元素だ。でもそ
のほかにもっと重い元素も含まれていた。太陽が生まれる前に生
涯をまっとうした近くの恒星の破片だ。

　その渦巻く巨大な雲が、宇宙で一番弱い（でも一番しぶとい）力
である重力によってゆっくりと集まっていった。でもその渦巻く
高温の雲の中ではガスや塵の粒子が猛スピードで動いていたから、
重力で完全に一つにまとまることはなくて、密度の高い塊になろ
うとしてもなれなかった。

速すぎて集まれなかった

　最終的にどんなきっかけで太陽が作られたのかはよくわかっていない。粒子が磁場に捕まって集められたのかもしれない。何か外で起こった出来事、たとえば近くの超新星爆発の衝撃波によって、ガスの粒子がぎゅっと固められたのかもしれない。あるいはただ時間が経っただけなのかもしれない。やがてガスの雲が冷えて、スピードが遅くなった粒子が中心部に落ちていったのかもしれない。

　きっかけが何だったにせよ、やがて十分な量の物質が集まって抑えの利かないプロセスが始まった。ガスと塵が1か所に集まって重力が強くなり、それでさらにたくさんのガスと塵が引き寄せられてますます重力が強くなる。それが繰り返されたんだ。最終的に大量のガスと塵が1か所に集まって太陽の卵ができた。そしてここからまさにヒートアップしていく。

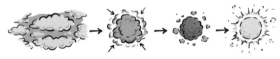

太陽の誕生

核融合が押し返す（49億年前　太陽は1億歳）

　ほとんど水素からできた巨大な雲が、約1億年をかけて、重力によってどんどんまとまっていった。しばらくのあいだは一個一個の分子もそれに抵抗しつづけた。陽子の正電荷どうしが反発しあうから、分子はぎゅうぎゅう詰めにされるのが好きじゃないんだ。でも猫を洗い桶に入れようとするみたいに、どうしても陽子を2個近づけてやりたい。幸いなことに重力はけっしてあきらめない。ものすごい質量で陽子がだんだんぎゅうぎゅう詰めにされていって、やがて何かがプツッと切れたんだ。

　陽子どうしが十分に近づくと、反発力に打ち勝って逆に引き寄・せ合うようになる。強い核力っていう別の力が働きはじめるからだ。素粒子物理学にしてはわりとうまい付け方の名前で、強い核力はまさに強い。離れているとあんまり強くないけれど、近づくと陽子どうしの電気的反発力よりもずっと強くなる。この強い核力で陽子がくっつくと、ものすごいことが起こる。核融合を起こすんだ。

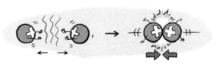

電磁気的な反発力　　強い核力による引力

　水素原子核が2個くっついて何ステップか進むと、新しい元素、ヘリウムができる。人類はある種類の元素を別の種類に（たいていは鉛を金に）変換しようと何百年も挑戦したけれど、一回も

成功しなかった。だから"錬金術"と呼ばれたその取り組みは、変人のお遊びだって片付けられてしまった。実は可能だったんだけれど、それには特別な条件、たとえば太陽の中心部みたいな条件が必要だったんだ[38]。

　水素が核融合してヘリウムができるときには、大量のエネルギーが発生する。作られるヘリウムはもともとの水素原子よりも質量が小さく、その余った質量はエネルギーに変換してニュートリノや光子に持ち去られる。結合ができるとエネルギーが放出されるってどういうことなのって思った人は、逆の場合を考えてみたらいい。結合を切るためにはたいていエネルギーが必要じゃないか。

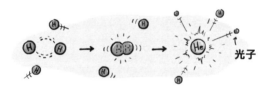

光子

　宇宙のあちこちに光が灯っているのは、この単純なメカニズムのおかげだ。数え切れないほどの恒星の中で核融合が起こっているおかげで、僕たちは真っ暗闇の中で暮らさずに済んでいるんだ。さらにそれは、嫌がる陽子を重力がくっつけて融合させてくれるおかげだ。でもここで思わぬ展開が訪れる。

　核融合で発生したエネルギーはあらゆるものを外側に押しやっ

38　この核融合が起こるためには、質量が十分に大きくて、陽子をぎゅうぎゅう詰めにできるだけの重力が発生しないといけない。たとえば木星くらいの質量だと惑星にしかならない。木星の質量があと100倍大きかったら、中心核で核融合が始まって赤色矮星になっていただろう。

て、重力が陽子をさらにくっつけようとするのを邪魔するんだ。宇宙一の力持ちの座を懸けて2つの力の綱引きが始まってしまった。重力はあらゆるものをくっつけようとするけれど、核融合で発生したエネルギーはその重力を押し返そうとするんだ。どっちも一歩も譲らずに、この膠着状態は当分続く。

長くゆっくり燃える
（49億年前から50億年後まで　太陽は1億歳から100億歳）

　それから100億年のあいだ太陽では、重力と核融合という2大パワーの激しい交戦状態が続く。ドラマのもともとの主人公だった重力は、太陽の物質を全部一つに押し込めようとする。でも核融合で発生したエネルギーがそれを外側に押し返す。太陽はこの危なっかしいバランスの上で何十億年も輝きつづけるんだ。

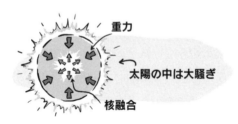

　現在はそんな状況だ。太陽を見上げると（直接見ないでね）、爆発すると同時に潰れようとする巨大なボールが見える。太陽の中で起こっていることのスケール感はなかなかイメージできない。核融合が起こっている中心核の外側には、激しく沸き立つ高温の

プラズマが厚さ 50 万 km 以上も広がっている。中心核で作られた光子はこの層の中であちこち跳ね返ってから、5 万年経ってようやく自由の身になって宇宙空間に飛び出していく。それからたったの 8 分でその一部が地球にやって来て、僕たちに日の光を与えてくれるんだ。

太陽は 49 億年前からそうやってずっと燃えつづけているし、これから 50 億年後まで燃えつづける。でも重力と核融合のバランスはいつまでも続かない。太陽の中では静かにカウントダウンが始まっているんだ。

重力は弱いけれどしぶとい。太陽内部の物質を永遠に引き寄せつづけようとするんだ。でも核融合には燃料（水素）が必要だし、燃えかす（ヘリウム）もできるから、燃えつづける時間にも限りがある。最初のうちはヘリウムは中心核に集められて、誰の邪魔もせずにゆっくりと溜まっていくだけだ。でもやがて太陽の姿を変えはじめる。

ヘリウムは水素よりも密度が高いから、中心核が重くなっていって重力が強くなり、ほとんど中心核の外側にしか残っていない水素をどんどん引き寄せる。その結果、外側の層で核融合が激しくなって、太陽は熱く明るく大きくなる。核融合が激しくなって

いくスピードはゆっくりで、太陽は 1 億年ごとに 1% しか明るくならない。でもそれがどんどん積み重なっていく。40 億年で太陽はいまより 40% 明るくなって、地球の海は沸騰してしまうんだ。

　核融合によって温度が上がるにつれて、太陽はどんどん大きくなっていく。核融合が勝っているように見えるけれど、燃料の消費スピードがどんどん速くなって、大暴れするロック歌手みたいにやがて燃え尽きてしまう。

年取って大きくなる
（50 億年後から 64 億年後　太陽は 100 億歳から 114 億歳）

　重力と核融合のバトルは続いて、どうやら核融合のほうが優勢だ。始まってから 100 億年後には、核融合がかなり力を増して重力のリードをひっくり返し、外側の水素の層を押し広げはじめる。

　約 50 億年後、太陽はいまの 200 倍の大きさに膨らんで、地球をはじめ内惑星をほとんど包み込んでしまう。太陽のほとんどの部分はふわふわした水素の外層で、残りの部分に比べると温度

は低い。でも地球の基準から言うと耐えられないほどの高温で、内部太陽系に生命が棲めるような場所はぜんぜん残らない。

　核融合パワーの本領発揮だけれど、これが最後の雄叫びだ。せっかく重力の鼻を明かしてやったのに、無理がたたって疲れはじめるんだ。でも最後に重力に屈する前に、もう一つ秘策を繰り出す。

最後のあがき
（64億年後から65億年後　太陽は114億歳から115億歳）

　誕生から114億年（いまから64億年後）、太陽は中心核の水素を全部燃やし尽くして、重力とのバトルに使っていた燃料が切れてしまう。中心核を取り囲む水素の層では核融合が起こりつづけるけれど、中心核内部の重力の圧力を押し返すことはもうできない。

　でも核融合はまだ終わらない。重力で中心核がぎゅうぎゅうに押しつぶされてヘリウム原子がくっつき合うと、水素と同じように核融合が始まる。閃光みたいに一瞬にしてヘリウム原子が核融合して、もっと重い元素、おもに炭素に変わるんだ。文字どおり

閃光みたいにだ。ヘリウムの核融合が起こると、なんと天の川銀河全体と同じくらいの明るさの光が放たれるんだ。でも幸いなことにそれは太陽の内部で起こるから、木星の衛星に築かれた人類の植民地が焼き尽くされることはない。

　核融合で生成した炭素は中心核に集まって、太陽は炭素・ヘリウム・水素と3層構造のクラブサンドイッチみたいになる。もっと大きな恒星だとこのサイクルが続いてもっと重い元素も生成する[39]。でも太陽はそこまで重くないから炭素が核融合することはなく、最終的にヘリウムと水素が使い尽くされて太陽はただただ元気がなくなっていく。

　ヘリウムの核融合は最初のうちは激しいけれど、長くは続かない。太陽では水素は100億年燃えつづけたけれど、ヘリウムは約1億年しか燃えない。

39　重い恒星の場合、中心核にかかる圧力がすごく高くて、炭素が核融合して酸素に、酸素が核融合してネオンに……、とどんどん続いていく。ステップごとにどんどん速くなっていくけれど、どんなに大きい恒星でも鉄ができたところで終わってしまう。鉄が核融合してもエネルギーが放出されずに吸収されてしまうので、鉄が自然に核融合することはない。核融合の道はここで終点だ。

木星がいかれる（65億年後　太陽は115億歳）

　燃料が全部尽きると核融合の火は消えてしまう。太陽の外層は外側に漂っていって星雲になり、未来の惑星の材料になる。核融合が収まっても中心核では重力が働きつづけ、残った元素が集まって"白色矮星"っていう超高温・高密度の塊になる。質量はもとの太陽の半分くらいだけれど、それが地球くらいの大きさのボールの中に押し込められている。

昔は恒星だったんだ

いじけた太陽

　すると、太陽の膨張をかいくぐった外惑星が今度は危険にさらされる。質量の半分を失った太陽は、前みたいに木星などの外惑星を引き寄せておくことができない。するとその軌道が以前の約2倍に広がってしまう。太陽が暴れ回っていたことを考えると良かったようにも思えるけれど、今度は近くを通り過ぎる恒星から重力で引っ張られやすくなる。多くのシナリオだと、木星と土星の軌道がめちゃくちゃになって、残ったそのほかの惑星（天王星と海王星）を太陽系からはじき出してしまう。そして最終的にはどっちか一方（たぶん木星）だけが、死んだ太陽の中心核のまわりを孤独にめぐりつづけることになるんだ。

　もう核融合は起こっていないけれど、白色矮星は輝きつづける。鍛冶場の炉から取り出した金属の塊が白熱しているのと同じように、内部の熱で長いあいだ輝きつづけるんだ。

　太陽はもう何もできない。温度が低いから核融合は起こらないし、重力が弱いからもっと物質を引き寄せて中性子星やブラックホールに昇格することもできない。

最期(いまから数兆年後)

　白色矮星はどのくらい輝きつづけるんだろう？　白色矮星が暗くなっていくのなんて見たことがないからよくわからない。物理学者の説によると、何兆年もかけて冷えていって、最後には"黒色矮星"っていう黒くて密度の高い塊になるそうだ。でもいまのところ宇宙は黒色矮星ができるほど年取ってはいない。

　だから太陽も長いあいだ、たぶん何兆年も白色矮星として存在しつづけるのかもしれない。若い頃みたいに熱くて明るくはないけれど、木星の植民地を捨ててもっと近くに移り住めば人間も生きつづけられるくらいの温かさかもしれない。白色矮星の残り火を囲んで座る僕たちは、太陽が燃えているのを当たり前だと思っ

ていた時代の生活ぶりを語り継いでいるんだろう。太陽がずっと
爆発しつづけていて、晴れの日が延々と続いていた日々をなつか
しく振り返るんだろう。

20
どうして僕たちは
疑問を持つの？

もちろん一番おいしい疑問は最後に取っておいた。
人は昔からすごくわくわくする疑問をたくさん抱いてきた。
テーマもバラエティーに富んでいて、込み入ったニッチなもの
（「どうして光子は質量ゼロなのに重力で曲がるの」）から奥深いもの
（「そもそもどうして宇宙は存在するの」）までさまざまだ。この本では
しょっちゅうぶつけられる疑問に答えてみた。宇宙についてみん
なが興味を持っていて、真っ先に浮かんでくるような疑問だ。

でもしょっちゅうぶつけられる疑問の中でまだ答えていないも
のが一つあった。一番多い疑問かもしれない。宇宙についての疑
問の中でも一番大事だと思ったから、最後に取っておいた。覚悟
はいいかい？　これだ。

そもそもどういう意味なの？

思っていたのと違ったと思う。ちゃんとした疑問にすらなって
いないんじゃないの？　高校の文法の先生だったらきっと顔をし
かめるだろう。それでもしょっちゅう聞かれるんだ。

この疑問がおもしろいのは、みんなが最初に聞きたかった疑問

じゃないことだ。ふつうこの疑問は、本当に聞きたかった疑問の後に付け足される。たとえば手紙でこんな疑問が寄せられる。「やぁ、ダニエルとジョージ、宇宙は本当に140億歳なの？　そもそもどういう意味なの？」「宇宙を膨張させているエネルギーはどこから出てくるの？　本当に何もないところから出てくるの？　そもそもどういう意味なの？」

　たぶんほとんどの人は、もともとこんなこと聞こうなんて思っていなかったはずだ。それでもついつい聞いてしまうし、もともと答えてほしかった疑問が何であってもうっかり付け足してしまうんだ。

　一見、後付けかお約束の決まり文句みたいに聞こえる。でも実は一番大事な一言だと思う。そもそも質問してきた本当のわけがにじみ出ているんだから。

　たぶんこういうことだと思う。人はおもしろいって思った疑問を最初に聞くもんだ。宇宙の年齢とか、物質とエネルギーの正体とかの疑問かもしれない。僕たち2人のポッドキャストで聴いたり、何かで読んだりしたことについての疑問かもしれない。どんな疑問であってもそれで頭の中の歯車が回り出して、具体的な形の疑問としてまとまってくる。でもその疑問を口から出したり指先でタイプしたりすると、すぐさまこんなふうに思ってしまうんだろう。「答えがわかってもいったいどうしたらいいの？」

　さらに答えの意味をあれこれ考えていると、頭の中の小さな声がこうささやいてくる。「そもそもどういう意味なの？」

　宇宙が140億歳だなんてそもそもどういう意味なの？　宇宙が何もないところから膨張しているだなんてそもそもどういう意

味なの？

　確かに疑問の答えがわかっただけじゃ十分じゃない。その答え
は「イエス」かもしれないし「ノー」かもしれない。「真空のヒ
ッグス場のゆらぎのシュヴァルツシルト自己相互作用に由来す
る」っていう答えかもしれない。でも結局のところそれを知りた
いんじゃない。最終的に知りたいのは、その答えの意味、生きて
いく上で何の役に立つかだ。
「宇宙はどこから生まれたの」っていう疑問の答えが君の人生を
変えてしまうなんて思えないかもしれない。でも具体的に君の人
生の細かいことに影響を与えなかったとしても、もっと大事なこ
とを変えてしまうかもしれない。人生の立ち位置だ。

　根源的な疑問というものは、自分自身の見つめ方、広い宇宙と
の関わり方に影響を与える。

　たとえば人類は、地球が宇宙の中心じゃないってわかったおか
げで、自分たちはもっと大きい存在の一部で、自分たちは宇宙の
メインステージに立っているわけじゃないって気づいた。それと
同じように、この宇宙は知的生命であふれているってわかったら、
または知的生命はものすごく珍しいってわかったら、または僕た
ちは宇宙の中で唯一考える存在だってわかったら、自分自身の見
方、自分たちのユニークさについての考え方が大きく揺らいでし
まうだろう。

　こうした疑問が宇宙的なパワーを帯びているのは、僕たち自身
の存在意義とか立ち位置とかを探るような疑問だからだ。僕たち
はただ答えを知りたいだけじゃなくて、それがどういうことなの
かを理解したい。理解できれば、自分たちという存在をどうとら

えるかが変わってくるからだ。いままで踊っていたステージが実は間違っていたって気づいて、ぜんぜん違うステージに移ることができるんだ。

　科学的な疑問に答える上で一番もどかしいのは、その答えがどこかにきっとあることだ。この本で取り上げたどの疑問にも、思い浮かべられるどんな科学的疑問にも、必ず答えがある。隠されているかもしれないし、遠く離れたところにあるかもしれないし、小さすぎていますぐには見えないかもしれないけれど、答えは確かに存在する。

　いつの日か、この本で取り上げた疑問に全部答えられるようになるかもしれない。でもそうなっても、僕たちのリスナーが後から足すのと同じ疑問を付け加えるしかないのかもしれない。「そもそもどういう意味なの？」

　この疑問にはこの本では答えられない。どうして？　一人一人答えが違うからだ。みんな自分自身の立ち位置を決めて、この宇宙での自分の存在意義を見つけるんだ。こうした疑問を持つことで、自分は何者なのか、どうして存在意義を求めるのかがわかってくるんだ。

　君がしょっちゅう抱く疑問は何だい？

謝辞

　もう一つしょっちゅう聞かれる疑問が、「本を書く時間をどうやって見つけているの？」。答えは、いろんな人にちょっとずつ助けてもらうことだ！

　草稿に目を通してくれた以下の友人や同僚に感謝する。フリップ・タネド、ケヴ・アバザジアン、ジャスパー・ハレカス、ロビン・ブルーム＝カホート、ニル・ゴールドマン、レオ・シュタイン、クラウス・キーファー、アーロン・バース、ポール・ロバートソン、スティーヴン・ホワイト、ボブ・マクニーズ、スティーヴ・チェズリー、ジェイムズ・カスティング、スエリカ・キアル。

　僕たち2人をずっと信頼して着実に導いてくれた編集者のコートニー・ヤングと、いつもちょうどいい仕事場を見つけてくれたセス・フィッシュマンに特別感謝する。ガーナート・カンパニー社のチーム、レベッカ・ガードナー、ウィル・ロバーツ、エレン・グッドソン・コートリー、ノラ・ゴンザレス、ジャック・ガーナート、そして各国の担当者に感謝する。この本の制作と販売に時間と力を注いでくれたリヴァーヘッド・ブックスのみなさん、ジャクリーン・ショスト、アシュレー・サットン、ケイシー・フェザー、メイ＝ジー・リムに大いに感謝する。この本のアイデ

ア（タイトルも！）のヒントを与えてくれたジョージーナ・レイコックと、ジョン・マレー社のチームにも感謝する。

　僕、ジョージはいつものように、たえず支えて励ましてくれている家族に感謝する。

　そして何よりも、僕たちが長年やって来たことを見守ってすごい疑問をぶつけてくれる読者、リスナー、ファンのみなさんに感謝する。

[著者]

ジョージ・チャム

Jorge Cham

コミック・ストリップ
（新聞、雑誌に掲載される複数コマのマンガ）、
"Piled Higher and Deeper"（『PHDコミックス』
http://phdcomics.com/comics.php）の描き手。
この作品のウェブサイトは、
年間6900万以上の閲覧回数を誇る。
作品はニューヨーク・タイムズ、ワシントン・ポスト、
アトランティック、サイエンティフィック・アメリカンなどの
紙誌にも掲載されている。
スタンフォード大学でロボット工学のPh.D.を取得し、
カリフォルニア工科大学で教員を務めていたこともある。

ダニエル・ホワイトソン

Daniel Whiteson

ペンシルヴェニア大学などを経て、
現在はカリフォルニア大学アーヴァイン校の実験素粒子物理学教授。
かつてはシカゴ近郊にある
フェルミ研究所の陽子＝反陽子コライダーで実験をおこない、
現在は全周27キロメートルの
円形加速器・大型ハドロンコライダー（LHC）で知られる
CERN（欧州原子核研究機構）でも研究をおこなっている。
2016年1月には、チャムと協働して、
PBS（米国の公共放送サービス）で科学についての
コミックスや動画をオンエアし、100万以上のPVを獲得。
2人を指して「世界最高の先生」との呼び声が高い。

[訳者]

水谷淳

みずたに・じゅん

翻訳者。主に科学や数学の一般向け解説書を扱う。
主な訳書にジョージ・チャム、ダニエル・ホワイトソン
『僕たちは、宇宙のことをぜんぜんわからない』、
グレゴリー・J・グバー
『「ネコひねり問題」を超一流の科学者たちが全力で考えてみた』
（ともにダイヤモンド社）、
ジム・アル＝カリーリ、ジョンジョー・マクファデン
『量子力学で生命の謎を解く』（SBクリエイティブ）、
デイビッド・クリスチャン『「未来」とは何か』
（NewsPicksパブリッシング、共訳）などがある。
著書に『増補改訂版 科学用語図鑑』（河出書房新社）がある。

この世で一番わかりやすい
宇宙Q&A
──人類が知りたくて知りたくてたまらない疑問ベスト20

2023年4月18日　第1刷発行

著　者──ジョージ・チャム、ダニエル・ホワイトソン
訳　者──水谷淳
発行所──ダイヤモンド社
　　　　　〒150-8409　東京都渋谷区神宮前6-12-17
　　　　　https://www.diamond.co.jp/
　　　　　電話／03-5778-7233（編集）　03-5778-7240（販売）

ブックデザイン─杉山健太郎
校正────鷗来堂
DTP／製作進行─ダイヤモンド・グラフィック社
印刷／製本─勇進印刷
編集担当──吉田瑞希